电力建设企业技能人员专业培训教材

输电线路测量操作技能

广东电网能源发展有限公司　组编
杜育斌　主编

中国电力出版社
CHINA ELECTRIC POWER PRESS

内 容 提 要

本书以输电线路施工测量为核心，结合测量理论知识与现场实际操作，以帮助提高相关技术人员的技能水平。

全书共分4章。第1章解释了输电线路测量的相关名词；第2章介绍了输电线路测量基础知识，包括测量仪器及辅助工具的操作；第3章介绍输电线路专业测量；第4章介绍目前主流测量仪器的操作技能；附录部分收集了实用测量表格及常用的计算公式，以及测量基本理论知识习题和实操习题。

本书适合从事输电线路施工测量工作的技能操作人员学习使用，也可供相关技术人员参考。

图书在版编目（CIP）数据

输电线路测量操作技能／杜育斌主编；广东电网能源发展有限公司组编．—北京：中国电力出版社，2022.4（2022.7重印）

ISBN 978-7-5198-6481-1

Ⅰ．①输…　Ⅱ．①杜…　②广…　Ⅲ．①输电线路测量　Ⅳ．①TM726

中国版本图书馆CIP数据核字（2022）第018321号

出版发行：中国电力出版社
地　　址：北京市东城区北京站西街19号（邮政编码100005）
网　　址：http://www.cepp.sgcc.com.cn
责任编辑：赵鸣志
责任校对：黄　蓓　王海南
装帧设计：赵丽媛
责任印制：吴　迪

印　　刷：北京天宇星印刷厂
版　　次：2022年4月第一版
印　　次：2022年7月北京第二次印刷
开　　本：787毫米×1092毫米　16开本
印　　张：8.5
字　　数：208千字
印　　数：2001—3000册
定　　价：50.00元

《输电线路测量操作技能》
编写人员名单

主　编　杜育斌

副主编　陈世勇　吴锐涛　黄树冰　罗楚楠

参　编　崔粤宇　张　耀　丘　丹　吴　永　刘海祥

前言

输电线路参数的准确性影响到电力系统的安全稳定运行，一直以来，电力工程技术人员都在努力提高输电线路参数测量的精度与测量技术。本书以输电线路施工测量为核心，结合测量理论知识与现场实际操作，以帮助提高相关技术人员的技能水平。

全书共分 4 章。第 1 章解释了输电线路测量的相关名词；第 2 章介绍了输电线路测量基础知识，包括测量仪器及辅助工具的操作；第 3 章介绍输电线路专业测量；第 4 章介绍目前主流测量仪器的操作技能；附录部分收集了实用测量表格及常用的计算公式，以及测量基本理论知识习题和实操习题。本书除介绍传统的施工测量方法外，还对新技术在输电线路测量的应用做了简单介绍，让读者对新技术的发展趋势有所了解。

本书适合从事输电线路施工测量工作的技能操作人员学习使用，也可供相关技术人员参考。

由于编者技术水平有限，书中疏漏不妥之处在所难免，恳请读者批评指正。

广东电网能源发展有限公司　董事长

2021 年 12 月

目录

第1章

输电线路测量常用语释义

（1）**测定**：测定是指通过使用测量仪器及工具进行测量和计算，把地球表面的地形按比例绘制成地形图，供科学研究、经济建设、规划设计使用。

（2）**测设**：测设是指把图纸规划设计好的建筑物、构筑物的位置在地面上标定出来，作为施工的依据。

（3）**测站**：测站指的是外业测量时安放仪器进行观测的点位。

（4）**测点**：测点是指通过仪器进行观测测量主体的点位。

（5）**水平角**：平行于水平面的角度为水平角，方位角也是水平角。

（6）**竖直角**：垂直于水平面的角度为垂直角，有时在观测时也分仰角和俯角。

（7）**高差**：相对于某一基准面的标高之差。

（8）**高程**：以大地基准面为投影基准面的点与基准面间的垂直距离。

（9）**标高**：以基准高程系或假定高程系的测量起点0对该桩位基面的绝对高，也称高程，均为正数。

（10）**相对高程**：在一个测区范围内，待测地面点与测区内假设的水准面间的铅垂距离。

（11）**绝对高程**：指地面点沿铅垂线方向到大地水准面的距离，简称高程或海拔。

（12）**档距**：两相邻杆塔位之间的水平距离，通常用符号“l”表示，其单位是m。

（13）**垂直档距**：两相邻档距中导线最低点间的水平距离，称为垂直档距，主要用于计算杆塔的垂直荷载。与档距对比，比较容易断定出放线作业时是否挂双滑车。

（14）**水平档距**：两相邻档距的平均值称为水平档距，主要用于计算杆塔的水平荷载。

（15）**耐张段**：架空输电线路中承受水平拉力的两相邻承力杆塔中心间的水平距离，称为耐张段。一个耐张段可以由一个档距或多个档距组成。有些情况也体现于两基耐张塔之间的中线长度。

（16）**代表档距**：又称为规律档距，在一个具有若干悬挂悬垂绝缘子串的直线杆塔的连续档的耐张段中，用一个悬挂点等高的孤立档距间接体现出耐张段中各连续档处于平衡时的水平应力状况，该孤立档距称为耐张段的代表档距，用 l_{db} 表示。计算式为

$$l_{db}=\sqrt{\frac{\sum l^3\cos\varphi}{\sum\frac{l}{\cos\varphi}}},\quad \varphi=\arctan\frac{h}{l} \tag{1-1}$$

代表档距用于计算弧垂 f、导线长期运行许用应力 σ。

（17）**临界档距**：当耐张段的代表档距小于它时，最大应力出现在气象条件Ⅰ下；当大于它时，其出现在气象条件Ⅱ下；等于它时，两种条件下均出现最大应力，则把这个档距称为气象条件Ⅰ和气象条件Ⅱ的临界档距。

（18）**直线桩**：标志线路直线的桩，均在相邻两转角点的连线上，一般用符号 Z 表示。

（19）**转角桩**：标明线路转角点位置的桩，一般用符号 J 表示。

（20）**方向桩**：位于转角桩、直线桩两侧，指示线路方向的桩，一般用符号 C 表示。

（21）**杆位桩**：标明杆塔位置的桩，一般用符号 P 表示。

（22）**中心桩**：杆塔中心位置的桩，又叫塔位桩，一般用桩名加递增序号表示。

（23）**对角桩**：位于基础对角方向上，用于控制基础施工的方向。

（24）**分角桩**：在转角杆塔，定位内角平均线的桩。

（25）**交叉桩**：线行跨越其他线路、公路、铁路、河流时，在被跨越物两边所钉的桩。

（26）**水平桩**：既定的一个标高，一般以施工基面为参考。借以此桩的顶面来作为相对高程，进行控制及施工的桩。

（27）**辅助桩**：辅助测量工作需要而钉立的桩。

（28）**位移桩**：按技术要求需位移一定的距离，在位移点上所新钉的桩称为位移桩。

（29）**控制桩**：辅助丢桩补桩、方位标高、过程操作而设定的桩，一般由测量人员订立及使用。

（30）**引桩**：为达到测量的目的，而设置过渡性的中间控制桩。

（31）**根开**：相邻基础中点间的平距。

（32）**对角**：正方形塔基对角方向上地螺中点之间的平距，一般用符号 E 表示。

（33）**分坑近点**：正方形基坑对角方向靠近中心桩的投影点，一般用符号 E_1 表示。

（34）**分坑远点**：正方形基坑对角方向远离中心桩的投影点，一般用符号 E_2 表示。

（35）**转角度**：表示线行转角点偏转的角度，即线路转角的外角为线路的转角度。以线路前进方向为准，向左偏转的角度为左转角度值，向右偏转的角度为右转角度值。

（36）**减腿**：是指高低脚铁塔的接腿长度。一般铁塔的四个接腿有一个标准长度，比如8m，则 7m 的接腿就称为“1m 减腿”。

（37）**施工基面**：是计算坑深、定位塔高的起算基准面。以杆塔位桩处地面标高为准。

（38）**施工基面值**：杆塔位桩处地面至施工基面的垂直距离，一般用符号 K 表示。

（39）**坑深**：坑底平面与施工基面的垂直高度，也称埋深。

（40）**拉盘埋深**：拉线盘中心上平面与施工基面的垂直高度。

（41）**马道**：拉线基础中为拉棒埋设开挖的斜槽为马道，有的地方称为马槽。马道长指基坑中心至马道出口的水平距离。

（42）**降基**：天然地表按施工基面进行开挖修整的工序。

（43）**基础边坡**：坑壁垂直深度与放宽量的比。

（44）**基础边坡保护距离**：如图 1-1 所示，按埋深算起，土的抗拔角之外再加上部分裕度，至原状土边的有效距离，大于 0.4H＋1。

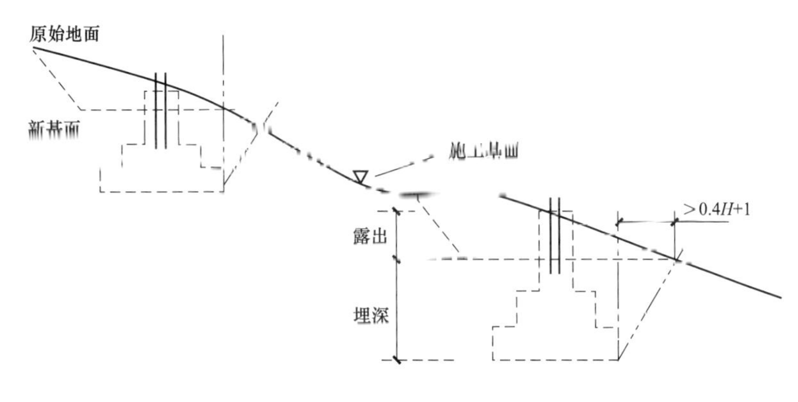

图 1-1　基础边坡示意图

（45）**地形**：地物和地貌的总称。

（46）**地貌**：指地面高低起伏的状态。

（47）**地物**：指地面上的河流、湖泊、房屋、道路等固定物。

（48）**地形图**：将地面上各种地形沿铅垂线投影到水平面上，按一定的比例缩小绘制成图，图上反映出地物的平面位置，并以特定符号表示起伏不平的地貌状态，这种图称为地形图。

（49）**等高线**：等高线是地面上高程相等的各相邻点所连成的闭合曲线。在等高线地形图上，根据等高线不同的弯曲形态，可以判读出地表形态的一般状况。等高线呈封闭状时，高度是外低内高，则表示为凸地形（如山峰、山地、丘顶等）；等高线高度是外高内低，则表示为凹地形（如盆地、洼地等）。等高线是曲线状时，等高线向高处弯曲的部分表示为山谷；等高线向低处凸出处为山脊。数条高程不同的等高线相交一处时，该处的地形部位为陡崖，并在图上绘有陡崖图例。由一对表示山谷与一对表示山脊的等高线组成的地形部位为鞍部。等高线密集的地方表示该处坡度较陡；等高线稀疏的地方表示该处坡度较缓。

（50）**大地原点**：为了确定地面上点的位置，各国根据本国领土的实际情况，采用与大地体接近的椭球体，选择地面上一点，称为大地基准点，或称大地原点。确定它在椭球面上的位置，作为推算大地坐标的起始点。1980 年在陕西省泾阳县永乐镇境内选择并设置了我国大地原点，建立全国统一的坐标系，称“1980 年国家大地坐标系”。

（51）**大地水准面**：是高程的投影基准面。测量工作的最终目的是确定地面点的位置，包括它的平面位置和高程。要确定点的高程，首先要确定一个投影基准面。目前我国采用“1985 年国家高程基准”，它是利用青岛验潮站 1953～1979 年的观测成果推算的黄海平均海水面作为高程零点，位于青岛的我国水准原点的基准起算高程为 72.2604m。这是我国统一规定的大地水准面，并以它作为高程的起算面，称为黄海高程系。

（52）**空间坐标系统**：地球上的任何一点都有其相应的空间坐标。空间坐标有两种，一种是大地坐标（也称地理坐标），用经纬度坐标进行定位；另一种是投影坐标，即地球表面上的点投影到平面后的直角坐标（x、y）。一个国家或地区在建立大地坐标系时，为使地球椭球面更切合本国或本地区的自然地球表面，往往需要选择合适的椭球参数、确定一个大地原点的起始数据，并进行椭球的定位和定向。我国采用了两种不同的大地坐标系，即 1954 年北京坐标系和 1980 年国家大地坐标系。美国国防部在 1984 年建立了世界大地测量坐标系统（World Geodetic System，WGS-84），目前 GPS 定位所得出的结果都属于 WGS-84 坐标系统。工程中实用的大多是国家坐标系，因此要建立 WGS-84 和国家坐标系之间的转换模型，目前已有坐标转换模型可求得 WGS-84 和国家坐标系之间的转换参数，进而得到国家坐标系成果。

（53）**大地坐标系**：大地坐标系是大地测量中以参考椭球面为基准面建立起来的坐标系。地面点的位置用大地经度、大地纬度和大地高度表示。大地坐标系的确立包括选择一个椭球、对椭球进行定位和确定大地起算数据。一个形状、大小和定位、定向都已确定的地球椭球叫参考椭球。参考椭球一旦确定，则标志着大地坐标系已经建立。

注：这句话意味着，只要确定参考椭球，就可建立大地坐标，就是说大地坐标系可以人为确定，不是只有一种标准。

（54）**地理坐标**：通常用经纬度来表示某点在地球表面上的位置。

（55）**平面直角坐标**：测区半径在 10km 范围以内时，将地球表面近似地看成平面，测区内的地面点位即可用平面直角坐标来表示，南北方向为纵轴（y 轴），东西方向为横轴（x 轴）。为了使测区内各点的坐标（x，y）值均为正值，通常都使地面点投影在第Ⅰ象限内，如在第Ⅰ象限内的点 m 坐标，记为（x_m，y_m）

（56）**高斯平面直角坐标**：高斯直角坐标一般都常用于大面积的测区。高斯平面直角坐标是从起始经度（通过英国格林尼治天文台）起，按每6°为一投影带构成独立坐标系。地球的赤道线为横坐标轴，每带的中央经线为纵坐标轴，与赤道的交点为坐标原点。原点以北为正，以南为负。

（57）**北京54坐标系**：北京54坐标系不是按照椭球定位的理论独立建立起来的，而是采用克拉索夫斯基椭球参数，并经过东北边境的呼玛、吉拉林、东宁三个基线网，与苏联的大地网连接，通过计算得到我国北京一主干三焦点的大地经纬度和至另一点的大地方位角，建立起我国大地坐标系，定名为北京54坐标系。因此，北京54坐标系实际上是苏联1942年坐标系的延伸，其原点不在北京，而在苏联普尔科沃，采用多点定位法进行椭球定位；高程基准为1956年青岛验潮站求出的黄海平均海水面；高程异常以苏联1955年大地水准面重新平差结果为起算数据，按我国天文水准路线推算而得。自北京54坐标系建立以来，在该坐标系内进行了许多地区的局部平差，其成果得到了广泛的应用。

（58）**西安80坐标系**：1978年4月在西安召开全国天文大地网平差会议，确定重新定位建立我国新的坐标系，为此有了1980年国家大地坐标系。1980年国家大地坐标系采用地球椭球基本参数为1975年国际大地测量与地球物理联合会第十六届大会推荐的数据。该坐标系的大地原点设在我国中部的陕西省泾阳县永乐镇，位于西安市西北方向约60km，故称1980年西安坐标系，又简称西安大地原点。基准面采用青岛大港验潮站1952～1979年确定的黄海平均海水面（即1985国家高程基准）。

（59）**WGS-84坐标系**：WGS-84坐标系是一种国际上采用的地心坐标系。坐标原点为地球质心，其地心空间直角坐标系的z轴指向国际时间局（BIH）1984.0定义的协议地极（CTP）方向，x轴指向BIH1984.0的协议子午面和CTP赤道的交点，y轴与z轴、x轴垂直构成右手坐标系，称为1984年世界大地坐标系。这是一个国际协议地球参考系统（ITRS），是目前国际上统一采用的大地坐标系。

（60）**2000国家大地坐标系**：2000国家大地坐标系，是我国当前最新的国家大地坐标系，英文名称为China Geodetic Coordinate System 2000，英文缩写为CGCS2000。

2000国家大地坐标系的原点为包括海洋和大气的整个地球的质量中心；2000国家大地坐标系的z轴由原点指向历元2000.0的地球参考极的方向，该历元的指向由国际时间局给定的历元为1984.0的初始指向推算，定向的时间演化保证相对于地壳不产生残余的全球旋转，x轴由原点指向格林尼治参考子午线与地球赤道面（历元2000.0）的交点，y轴与z轴、

x 轴构成右手正交坐标系。采用广义相对论意义下的尺度。

（61）**直线定向**：确定某一直线的方向叫做直线定向。

标准方向：在测量工作中，常以真子午方向、磁子午方向、坐标轴方向作为直线定向的标准方向。

（62）**真子午方向**：通过地面上某点指向地球北极的方向线，称为真子午方向。它是用天文测量的方法或陀螺经纬仪来测定的。

（63）**磁子午方向**：磁针在地球磁场的作用下，自由静止时其磁针轴线所指的方向，称为磁子午方向线。可以用罗盘仪测定。

（64）**坐标轴方向**：在普通测量中常用平面直角坐标系，取纵坐标轴或平行于纵坐标轴的直线作为标准方向。

（65）**方位角**：从标准方向线的北端开始，顺时针方向到某一直线的水平夹角，称为该直线的坐标方位角，用 α 表示，方位角变化范围为 0°～360°。

（66）**象限角**：测量工作中为了计算的方便，取直线与纵轴最近的一端所夹的锐角来表示直线的方向。即由纵坐标线的北端或南端，顺时针或逆时针方向到某一直线的锐角，称为象限角，以 R 表示，象限角变化范围为 0°～90°。

第2章

测　量　基　础

2.1　测量仪器及辅助工具介绍

一、测量仪器介绍

随着精密加工技术的提高和激光技术、电子计算技术的发展，测绘科学也得到了长足的发展。进入21世纪，全球卫星定位系统（RTK）的成熟应用，对测量仪器的变革起了很大的推动作用，出现了各种智能测量，并应用到各个行业。

在输电线路工程的设计测量、施工测量过程中，都要经常使用测量仪器，通过仪器来测量水平角、竖直角、高程、距离和坐标。目前，用在输电线路测量的仪器主要有光学经纬仪、电子经纬仪、全站仪、RTK，其作用是确定地面点的平面位置和高程。

二、辅助工具介绍

线路测量主要的辅助工具有脚架、花杆和测杆、塔尺、钢卷尺、皮尺、标桩等。

（1）脚架。用于将测量仪器稳固在测站点的上方，以进行各种测量操作，是测量仪器使用操作的必备附属器材，一般有铝合金脚架和木脚架。铝合金脚架由于其具有良好的轻便性，目前被广泛使用，特别是用于输电线路的野外施工。木脚架较为笨重，但具有良好的沉稳性。

（2）花杆和测杆。花杆是作为测量目标的立杆，应便于准确立于标记点上。测杆也是测量目标的立杆，支撑棱镜或GPS，并准确立于标记点上。花杆和测杆的杆身上涂20cm红白相间的颜色，以便在远处能较清晰地分辨，进行观察。

（3）塔尺。塔尺是配合经纬仪视距测量的配套量具，塔尺全长有3m和5m两种，为了携带方便，一般做成三节或四节可伸缩，使用时一节一节拔出，用完后缩回原位。因为一节比一节细，抽出立直形似下粗上细的“塔”，故称塔尺。塔尺面上有以“E”5cm为单位的刻度，每分米用数字表示，用点代表米，一般塔尺以厘米为单位读数。塔尺两面都有刻度，反面刻度如钢尺，可以直接读数至毫米。

（4）钢卷尺。其规格有2～50m，主要用于量距离。由于其测量直观，精度高，携带方便，是应用最广的丈量工具。

（5）皮尺和绳尺。用于丈量距离，且仅限于精度要求不高的丈量。皮尺类似于钢卷尺，携带方便。绳尺是用含金属丝的麻线织成，上面有刻度，每隔1m有一个小铜箍，铜箍上刻有米数，绳尺长度有50m和100m两种。

（6）测量用标桩。为了便于测视或固定标志，在线路杆塔位中心、线行中心线或被观察点，需标定标桩。一般使用木桩（其长度约为20～40cm，4×6cm见方），下端削尖，以便打入地下。桩顶部露出地面5cm左右，并在桩顶中心位置钉一小钉作为测量点。线路转角或控制点，可预埋混凝土桩，或以水泥封桩，以防松动移位或丢失。

三、测量的准备工作

先明确任务，选择恰当的测量仪器及辅助工具，配备辅助人员，准备材料，查找及收集必需的图纸资料，进行统计、计算、画图，对计算结果进行报审并通过。调查工况，明确测站、测点。对第一次接手的测量仪器及辅助工具进行校验、检查，对辅助人员进行必要的安全、技术交底。

线路测量相关的技术资料有：地形图、平断面图、说明书、杆塔明细表、基础配置表、基础图、塔型图、金具图等。

须掌握的理论基础知识包括：三角函数、基础分坑计算、档距计算、塔脚基础高差、塔倾斜计算、应力、导线比载、弧垂计算、坐标正算反算、交叉跨越物计算等。

掌握测量仪器的操作和辅助工具的使用，是从事输电线路测量的基础，下面以电子经纬仪为例，进行详细的介绍。

2.2 仪器结构

测量仪器的种类很多，仪器结构也多种多样，但都是由基座、水平度盘和照准部（望远镜）等几个主要部分组成。本部分主要以电子经纬仪为例（见图2-1和图2-2），来介绍测量仪器结构的基本知识。

（1）基座。基座是支撑整个仪器的底部，基座的下部中心有一颗螺母，通过它与三脚架上的中心螺旋连接，使仪器固定在三腿架的顶面上。基座上有三个脚螺旋，转动脚螺旋来置平仪器，从而使照准部水准管气泡居中，水平度盘处于水平位置，即仪器的竖轴处于铅垂状态。

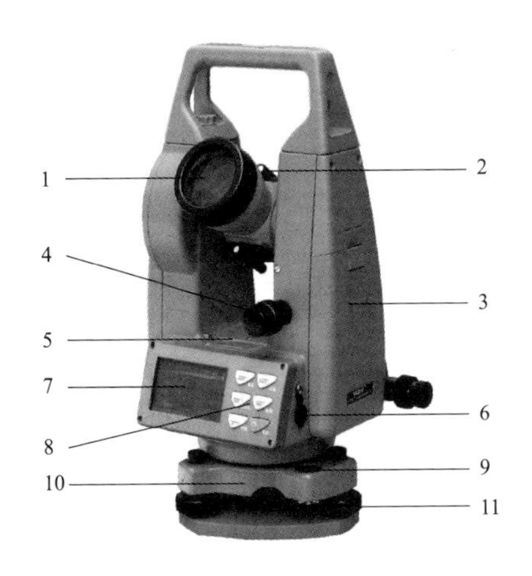

图 2-1　电子经纬仪正面结构名称

1—物镜；2—粗瞄准器；3—充电电池；4—垂直制动微调螺旋；5—长水准器；6—RS-232C 通信接口；7—显示器；8—操作键；9—圆水准器；10—三角基座；11—脚螺旋

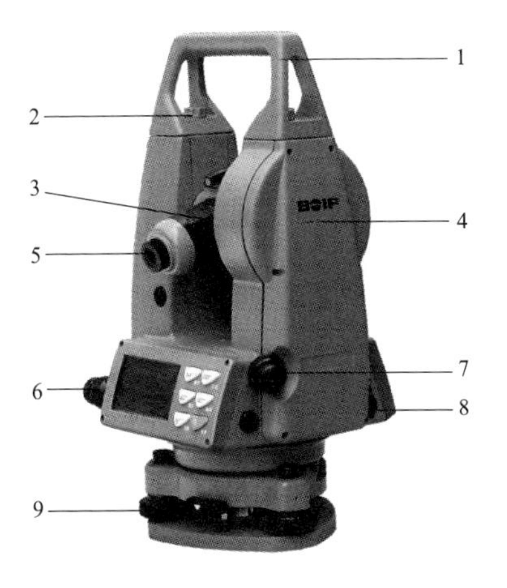

图 2-2　电子经纬仪反面结构名称

1—提把；2—提把螺丝；3—调焦手轮；4—仪器中心标志；5—目镜；6—水平制动微调螺旋；7—光学对点器；8—通信接口（用于 EDM）；9—基座固定钮

（2）水平度盘。水平度盘用来测量水平角。水平度盘中央有一个固定的轴套，它套在基座轴套的外面，因此度盘可绕竖轴轴套旋转。在度盘的外壳附有照准部制动螺旋和微动螺旋，用来控制照准部与水平度盘的相对转动。当关紧制动螺旋、照准部与水平度盘连接时，转动微动螺旋可使照准部与水平度盘作微小转动；若松开制动螺旋，则可使照准部绕水平度盘而旋转。

（3）照准部。照准部在基座的上面，由望远镜、横轴、竖直度盘、照准部水准管、光学对中器和竖轴等部分组成，安装在底部带竖轴的 U 形支架上。其中望远镜、横轴和竖直度盘固定连一起，由左右两支架支承。望远镜用来照准目标，被固定在横轴上，绕横轴而俯仰，利用望远镜的制动螺旋和微动螺旋控制其俯仰转动。横轴是望远镜俯仰转动的旋转轴。竖直度盘用来度量竖直角。照准部水准管和光学对中器用来置平仪器，使水平度盘处于不平状态，并使水平度盘中心位于测站铅垂线上。旋转轴的几何中心线就是仪器的竖轴，竖轴插入水平度盘的轴套中，可使照准部绕竖轴左、右转动，并由水平制动螺旋和水平微动螺旋控制。

2.3 仪 器 摆 镜

一、对中

对中指将仪器安置在测站的正上方，偏差不超过 3mm。对中的目的是使仪器度盘中心与测站点在同一铅垂线上，即使经纬仪的竖轴中心线与观测点重合。其操作方法如下：

（1）摆脚架。左手拿三脚架，松开锁扣（或解开绑绳），松开三脚架各个脚的伸缩定位螺丝。右手提起脚架顶座，至个人下巴的高度。因为是处于松开的状态提起脚架顶座，三脚架的三个脚是等长的，所支撑的顶座也是等高的。左手四个手指抓住脚架一腿的一柱，拇指按住中间的可伸缩部位定住，脚架便不会下滑了。右手将三脚架三个脚的三颗螺丝扭紧。需注意不要拧得过紧或过松，过松则可能在操作过程中下滑，或造成仪器不安全；过紧，则易造成架体受损。

叉开脚架以测站定位桩为中点，三脚架的三个脚尖与桩中点的距离等长，呈等边三角形，适当叉开，立于中点的周围。叉开不要过小，过小则欠稳定，如受轻微的外力作用易倒，如野外、山顶风吹，必要时可打一些拉线。如叉开过大，虽稳定但不好操作，没有观感。

三脚架三个脚初始调设的高度一样，理论上落脚点与中点距离一样时，机座中点的垂线更靠近中点，且三脚架顶端的机座更应趋向于水平。高度以眼睛与仪器望远镜照准部分中点平齐为原则。如果过高，会造成操作者及设备的不安全。如果过低，则要弯下腰来将就仪器的高度来进行观测，容易造成操作者腰损或职业病。

视摆镜地形调整三脚架的长度，如果较平坦，则三个脚的高度一样。如果测站处于山坡，则留一个短脚在上山坡侧，两个齐臂高的长脚摆在下山坡侧，人站在下山坡侧摆镜，以避免造成需要站在山下侧进行测量操作时人不够高的问题。

三脚架摆好后，架顶应趋向于水平，中点的铅垂线靠近中心桩。因为如果三脚架顶面倾斜度过大，待整平后，偏中可能会过远，偏离出架顶中孔铅垂投影面，导致需再次移动三脚架的落脚位置。

摆好脚架时，先不要踩紧脚尖，轻轻支于地面即可，因为这是仅靠目测，未进行对中，以便仪器安置在架面之后进行提脚移动对中。

（2）开箱取仪器。解扣开箱，先观察仪器的放置状况，待放回时按原样放回。因为测量仪器为精密仪器，为保证运输搬运时不受损，厂家根据每一台仪器的不同外形都设置了相对较为吻合的盒槽，以保证运输搬运时不晃动、不碰撞，保持仪器的完好与精度。开箱后检查制动旋钮是否处于制动状态，因为有些人为了更好地保护好仪器在运输时各轴件不晃动及带来的可能的磨损，装箱后有将制动收紧的习惯，如果在不检查而又未知的情况下提取仪器出箱，则可能会损坏仪器。取出时一手抓住仪器提把，一手托住仪器底座，双手平托将仪器从箱内取出。

（3）将仪器安置在三脚架上。安置时站在目标的后侧，以减少操作时的走动，减少对仪器的震动及碰撞的可能性，同时也节约摆镜的时间。左手抓住提把将仪器提起，右手托住仪器基座，置于三脚架架顶，将仪器基座与脚架顶面的三角座吻合放置。放置时将仪器基座的圆水泡转向自己身前，以便眼睛可随时观察到仪器的水平程度，掌握及指导后续所需的肢体动作。这时，仪器还未与脚架连接，抓住仪器提把的左手不要松开或离开仪器，左手需要在仪器提把上稳定仪器。右手抓住脚架底座的连接螺丝，摸索着找到仪器基座的螺孔。如果难以寻到螺孔，则左手可以将仪器向一边稍微倾斜一些，令仪器基座与三脚架顶面有一空隙。侧着头，目光透过空隙找寻螺孔。对准后拧紧，拧紧需到位，紧度以食指与拇指的力度即可，也不用拧得过紧，导致打滑及受损。

此时，因脚架还未与大地踩牢，如果两手都离开仪器，仪器将失去保护，可能会在外力的影响下倒下受损。因此，这时应右手扶住身前右侧脚架的脚，仪器处在右手的保护下，左手才离开仪器的提把。左手松开后同时抓住身前左侧脚架的脚，双手一左一右抓住身前三脚架左右的两条脚。

进行偏离检查。单眼目光通过仪器对中器窗口，观察测站的中点，看是否存在偏移，偏移多少，以及偏向哪一边。此时对中窗口可能会出现模糊不清的现象，因各人的视力不同，需要对对中器进行调整。旋转对中器外面的旋钮，将对中器内的圆圈及点调至以个人视力最为清晰状态，再旋转对中器的调焦手轮进行调焦，令所观察的中点成像达到最清晰状态。因对中器窗口观测的范围有限，往往可能所需观测的中点不在镜内，即可判断中点偏离太远，还未入镜。因镜内所观测的范围无参照物，难以判定中点偏离有多远及偏离的方向，此时可以利用自己的脚尖在中点周围晃动作参考。须注意动作不要过大，以免碰到木桩，造成木桩可能会发生松动或位移，影响到测站的误差。在对中窗口可看到脚尖为止，停止脚尖晃动，眼睛离开对中窗口，从外面观察并分析仪器铅垂偏离测站中点距离多少及方向，从而指导仪器需移动的方向及距离。

（4）对中。目光与对中器窗口所视的中点即为仪器设备中心线，如在水平度盘处于水平状态时，也可视仪器中心线为仪器的铅垂线，对中操作要做的是仪器的铅垂线与测站中心点重合，即测站的中心点是处在仪器的铅垂线上。操作时，两手同时轻提脚架的两脚，脚尖离地能活动即可。不可太高，如过于太高，待对准中心而放落后，可能会造成偏移过大。提起两脚，单眼目光通过对中窗口，目光随着仪器前后左右轻微移动，找寻中心点，向测站中心点靠近，移动至仪器中点与测站中心点重合，即在视线当中轻放仪器，并与之重合，完成初步对中。

（5）稳固脚架。轻放仪器于测站周围地面，不可大力冲击，以免对仪器造成影响及对中再次偏移。放置好后对三脚架脚尖触地进行稳固性踩实，如原状土过于松散，回填土也必须提前对土地进行人为夯实，令到脚架的脚尖与大地密实稳定接触。

踩的方法是将三脚架置于地面，并没有与地面的泥土有良好接触，如果就这样进行工作，工作人员在周边的不经意走动或微弱的风也会影响到仪器的微动，造成水平不准，直接影响到测量的精度或造成成果报费不可用。不仅易造成整个仪器松动不稳，而且仪器也可能在外力作用下容易倒下来。因此需将三脚架的三个脚踩紧，与地面紧密接触，有一定的摩擦力，能较为平稳地支撑稳固仪器设备，承受一定的外力影响。三脚架各脚与地面有一定的角度，处于倾斜状态，脚踩时应顺着倾斜的方向踩，不可只为了稳固深踩而整个人站上去，这样架体可能也会承受不了整个人的重量而损毁架体或设备。特别是对目前较常使用的不锈钢架体，更容易受损。

对中操作至此完成，下一步为整平操作。对中往往不可能一次做到，对中与整平操作之间经常会反复进行，才能做到精确对中。

二、整平

整平分粗调与精平。它的目的是使照准部上的水准管在任何方位时，管内的气泡中心（最高点）与管壁上刻划线的中点重合，即称气泡居中。此时仪器的竖轴竖直、水平度盘牌为水平位置。其操作方法如下：

（1）粗调。利用升降三脚架，改变三脚架的高低来进行调整，令水泡居中，达到仪器水平度盘的基本水平。

要先观察分析仪器的水平状况，为便于调整，以三脚架靠身边的两个脚各自对应的垂面作为调整的参照考方向，所以一般只假设两个方向。如圆水泡靠左脚，则左脚高了，靠右脚，则右脚高了，但往往没那么巧合，只升降一个脚即可较准确地居中。因此先升或降左

脚，调整水泡偏向右脚所对应的垂面。如难判定，则可将头侧过右脚方向，目光将水泡看直于右脚方向，再升降右脚来进行调整将水泡居中。

一般情况下，应尽量减少操作者的走动，减少因走动而给三脚架脚尖周围的土带来颤动，以及可能与仪器脚架本身发生碰撞，给仪器及误差带来影响，所以为减少走动，一般只调整身前的两个脚即可，也可以达到调平水泡的效果。视具体实际情况，如果初始摆的脚架确实过低或过高，经操作者感觉判断出需要弯下腰或踮起脚来观测，而升降调整三脚架靠身前的两个脚又会造成更低或更高时，则要调整对面的第三个脚，并小心走动。

升降脚架时，四个手指抓住单脚一侧的一圆柱，拇指按住中间可伸出的下压板，定住第二个手松开脚螺丝，四手指用力向上或向下微动，完成单脚升降调整水泡居中的效果。同时目光看住水泡的变动，居中时即停止，旋紧脚架螺丝。如果水泡偏移较大，则双手操作升降动作。

（2）精平。精平看照准部位的水准管（如图 2-3 所示），也叫长水漂，长水漂在任何一个面都不超过一格为合格，但在调整时尽量调准确直至居中。

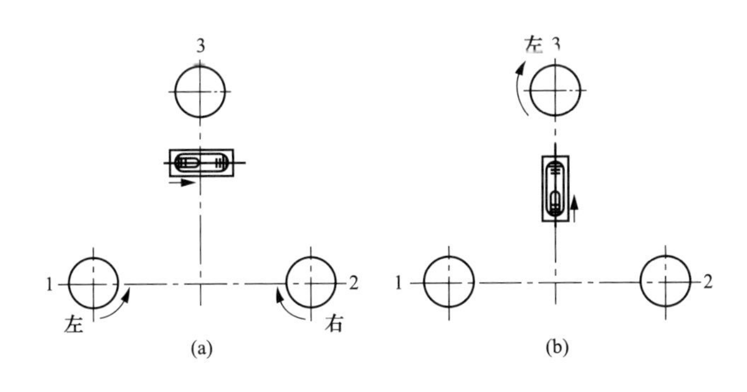

图 2-3　精平调整脚螺旋操作示意图

（a）调整平行的两个脚螺旋；（b）调整第三个脚螺旋

仪器基座有三颗可小范围升降调整的脚螺旋，每两两之间决定一个面。先将水平度盘的水准管平行两个脚螺旋，调整好一个面。调整时两棵螺旋要同时向内或向外旋转，水泡的运动方向是按左手拇指的运动方向移动。调整好一个面之后，再将照准部分旋转 90°，此时只调整水准管对准的另一个螺旋，将水漂调至居中即可。再将水平度盘转 90°检查水漂是否居中，如居中即为完成整平。

之所以要同时向内或向外旋转，主要是因为考虑升降问题。三个脚螺旋即为三个支点，三点决定了一个平面，精平就是将此平面调整至处于水平面状态。三个脚螺旋每两两之间决定一个垂面，如两个螺旋同时向同一个方向旋转，则这个面就同时下降或升起，这个面就不是调平，原来怎样还是怎样，此边只与第三个脚螺旋构成的平面发生水平上的变化。但如果同时向内或向外，则这两个脚螺旋其中一个升高则另一个就降低，两个脚螺旋中间的点不发生高低变化，只调平这两个螺旋构成的水平面，而与第三个螺旋不发生水平之间的变化。因此，需同时向内或向外旋转，才可以先调整好一个面。

（3）精确对中。精平后，仪器的竖轴呈铅垂线垂直于大地水平面，但也可能微小地改变仪器中心的垂足，中心投影可能偏离测站中点。如偏离中点超过 3mm，则需要再次进行精确对中。

三脚架顶座与仪器连接的孔有约 4cm 的直径。对中偏离可较小时，可将仪器在此孔的范围内移动进行微量调整精确对中，如超出此孔范围则需移动三脚架，对中、整平操作则从头再来。

仪器在三脚架顶座的圆孔内对中的移动方法为：扭松脚架底座与仪器连接的螺丝，松动即可，无需大松，切不可完全松出。松开前，左手拇指与食指叉开，跨过脚螺旋，钳住仪器基座。必须注意，此时的三个脚螺旋已经调平，手上的动作部位不要碰到脚螺旋，造成水平变化。右手松开连接螺丝，目光通过对中器观察中点。之后右手拇指也与食指叉开，跨过脚螺旋，钳住仪器基座。因要移动仪器，移动时需要一定的力量，手在空中也不易把握精细移动，所以，两个手掌垫住三脚架顶座，并以此为参照，双手的手指出力，通过对中器移动整个仪器至中点。之后目光在通过对中器监控的情况下，旋紧三脚架与仪器的连接螺栓。

因仪器移动了，需再次检查水平。水准管平行两个脚螺旋，先调整好一个面，水平度盘再转 90°，调第三个脚螺旋，令仪器水平。因调整了水平，仪器的竖轴可能会再次偏移，应再检查对中。

因此，对中、整平须反复操作以达更精准，每个测量人员都尽量减少人为误差，反复检查，提高测量成果的精准度。水准管误差不超过半格，对中不超过 3mm，即为精准，可进入下一步的照准或其他测量项目的作业操作。

三、照准

照准即用仪器的望远镜进行观测，望远镜的十字线对准测点，进行测量的下一步操作。照准能快速准确地找对目标，但此操作步骤也往往被很多未掌握技巧的初学者视为难点。

（1）首先要调清晰望远镜内部的十字线。取下镜盖，物镜对住天空或较空白的地方，目光通过物镜注意观察，找到镜内的十字线，缓慢旋转目镜端的调节旋钮，直至镜内十字线清晰为止。

（2）粗瞄准器的应用。粗瞄准器位于望远镜筒上，为便于正、倒镜观测，或盘左、盘右观测，望远镜的上下方各有粗瞄准器。先转动水平度盘，令望远镜对向目标方向，再大概定好对应目标垂面的一个方向，尽量达到能让物体入镜。

站在对应目标的仪器后侧，水平度盘处于松开状态，左手的食指和拇指夹住仪器的水平度盘，左手掌边轻轻地定位于三脚架顶座边缘，以此为定位，不至于因手在空间晃动而难以定位参考、难以找准目标竖面。眼睛距离粗瞄准器约 25～30cm，目光透过粗瞄准器里的十字准星，眼睛的余光在准星外的上面找寻目标，左手轻轻转动水平度盘直至目标方向定住，右手旋紧水平度盘制动旋钮，锁住水平度盘。眼睛再由粗瞄准器窗口移到望远镜目镜窗口，目光对准望远镜的目镜，找到目标点。同时旋转望远镜调焦旋钮，将目标物体拉近或推远，调至最清晰状态。此时的目标需在镜内，但不一定在望远镜十字线的竖线上，旋转水平度盘微调旋钮，令十字线的竖线与目标点重合，重合在同一个竖面。

（3）观测。在观测时，大部人都习惯只睁开一只眼进行观测。这样高度集中观察注视 3s 尚可，但长时间保持这样的动作，很快就会累，严重点的会眼花，甚至目眩头晕。特别是需要精确读数、或长时间观测调整弧垂时，更难保持。因此应双眼睁开，集中注意力于一只眼睛进行观测，可以更长时间进行测量作业。

（4）调焦。旋转望远镜调焦旋钮，将目标物体成像调至最清晰状态，为实像。如模糊不清晰，则成像为虚像，虚像的结果为不定值，会影响观测成果的精确度。虚像的现象也有，如在气温较高时，在水面或柏油公路的路面，离水面或地面 1～2m 高的范围内的空气成分与再上一层会有所不同，即使是目测，成像的参照物也会有晃动的感觉。如较长距离观测就会更加明显，光线在不同的介质中有一定的折射、晃动，所观测的成像也会晃动，成像也为虚像，会影响测量成果的精度。

一般竖直度盘不锁，如需测量竖直角，应锁住竖直度盘，会更便于找准目标。

如果所找目标有很多相同物（如观测弧垂时的子导线切点，或测量塔倾斜时要找中的铁塔螺丝就有太多的相同点），则在小范围的镜内还不能确定观测物就是要找的目标。这时，可以将目光移出镜外，眼睛在镜外远眺，或在望远镜内，以望远镜目标旁边的物体作为参照物，将望远镜上下轻微摆动，来判定所对的点是否为所找的目标。因此在镜内呈现清晰的成像，也不可确定就是要观测的目标，还需要再次明确。可以直接用手上下微动望远镜，也可以锁住竖直度盘旋钮，慢慢转动微动旋钮，以镜内附近的参照物再次分析判断。

照准目标后，即可开机，望远镜垂直旋转 360°，竖直角显示，开始进行测量工作。

2.4 基本测量

使用仪器测量角度、点位间的距离和高差，是测量工作的基本项目。

、角度

角度测量是根据现场实际条件，利用仪器的固有功能进行实际测量得出，或者利用现场现有的条件经测量所得的一些参数，再通过计算得出所需要的角度值。

（1）水平角测量。已知现场三点，在顶点摆仪器，观测其中一点，水平度盘归零或记录当时的水平角度值，顺时针转动水平度盘，观测需测量的第三点，该夹角即为所测量的水平角。或已知现场的两点，按设计角度在现场放样第三个点。先在现场的一个点上摆设仪器，对准已知点，水平度度盘归零，转动水平度盘，至设计的角度放样打桩，得出角度。

（2）竖直角测量。将仪器调平、开机，转动望远镜 360°，竖直度盘有度数显示，即为可以开始竖直角测量。竖直度盘一般以天顶角为 0°来刻画，所以望远镜至于水平时为 90°或 270°，如图 2-4 所示。

盘左：$\alpha_L = 90° - L$

盘右：$\alpha_R = R - 270°$

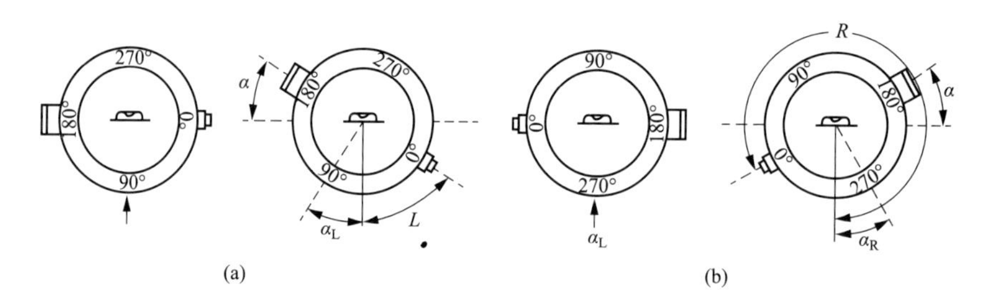

图 2-4 竖盘与竖角的计算

（a）盘左；（b）盘右

（3）关于盘左和盘右。测量仪器在初制造时，是光学仪器，竖直度盘、水平度盘都是以 360°刻画的度盘为计量刻度，在以竖直和水平度盘所处位置，经对光窗口在仪器内部光路反射，在度盘读数窗口观察，进行角度读数记录。盘左时，竖角水平为 90°；盘右时，竖角读数为 270°。但记录及计算时，需将读取角度与 90°或 270°之差进行计算。望远镜向上观测时竖直角为仰角，一般记录为“+”；向下观测时竖直角为俯角，一般记录为“−”。为便于读数，一般用盘右来观测仰角，盘左来观测俯角。如测量出仰角为 273°23′47″，只记录 3°23′47″

即可；观测读数为 92°36′13″，则记录为 −2°36′13″。

目前的电子经纬仪或全站仪内部都没有刻画的度盘实体，但为了区分盘左盘右及测量人员的操作习惯，都象征性地制造出类似有盘体的仪器外形。

二、距离

用经纬仪视距测量，是利用经纬仪的望远镜中的视距丝，根据光学原理间接地同时测定地面上两点的距离和高差的一种方法。

距离是通过现场测量参数，利用视距公式（2-1）计算得

$$D = Kl\cos^2\alpha \tag{2-1}$$

式中　D——观测点到目标点的水平距离，m；

K——视距乘常数，$K=100$；

l——视距丝在视距尺上的截尺间隔，cm；

α——仪器望远镜在观测目标时与水平间的夹角，仰角为正，俯角为负。

三、高差

利用经纬仪测量测站与测点之间的相对高差，或空间两点之间的相对高差。其测量方法可通过现场测量取得所需参数，利用相对高差式（2-2）和式（2-3）计算，即

$$H = \frac{1}{2}Kl\sin2\alpha + i - s \tag{2-2}$$

$$H = D\tan\alpha + i - s \tag{2-3}$$

式中　H——相对高差，m；

K——常数，为 100；

i——仪器高，m；

s——横丝在视距尺上的截尺间隔，cm。

2.5　仪器使用技巧

测量仪器属精密设备，要注意爱护和保养。使用时应按照正确的使用方法，以免仪器遭受意外的损伤。因此，在使用仪器时应掌握如下使用技巧：

（1）使用仪器前，应仔细阅读仪器的使用说明书，了解仪器的构造和各部件的作用及操作方法。

（2）取用仪器前，应记清楚仪器在箱中放置的位置，以便使用完毕后按原样放入箱中。取仪器时，应一手握照准部分支架，另一只手握着基座，不能用力提望远镜。仪器装箱时，应稍微拧紧各制动螺旋，并小心将仪器放入箱内，如装箱不合适或装不进去，应查明原因再装，不得强压。装入箱后盖好箱盖，扣上箱扣。

（3）架设仪器时，先把三脚架支稳定后，将仪器轻轻放在三脚架上，双手不得同时离开仪器，应一手握着仪器，另一手立即拧紧连接脚架与仪器连接螺旋。转动仪器时，应手扶支架或水平度盘，平稳转动，应有松紧感。

（4）在没踩紧三脚架达到稳固之前，仪器不能离开手的保护。如遇大风可设置拉线以防仪器摔倒。

（5）转动水平度盘和竖盘的速度不能过快，以免仪器自身的计算速度跟不上而引起误差。

（6）仪器需要搬移时，应拧紧各制动螺旋，以免磨损。若在近距离平坦地面上移动观测点，应双手抱脚架使仪器稍竖直，小步平稳前进。距离较远或地形不平移动观测点时，应将仪器装入箱中搬运。仪器在运载工具上运输，应采取良好的防振措施。

（7）仪器不用时应放在箱内。箱内应有适量的干燥剂，箱子应放在干燥、清洁、通风良好的房间内保管，以免受潮。

（8）应避免阳光直接暴晒仪器，防止水准管破裂及轴系关系的改变，以免影响测量精度。

（9）望远镜的物镜、目镜上有灰尘时，不得用手、粗布、硬纸擦拭，要用软毛刷轻轻地刷去。如在观测中仪器被雨水淋湿，应将仪器外部用软布擦去水珠，晾干后再将仪器放入箱内，以免光学零件发霉和受潮。

（10）电池驱动的全站仪和 GPS 仪器，若长时间不用，应取出电池，并间隔一段时间进行充、放电维护，以延长电池使用寿命。

（11）具有数据储存功能的仪器，测毕应及时将数据传送到计算机设备上备份，以免数据意外丢失。

第3章

输电线路专业测量

3.1 线路复测

目前，线路复测基本上都采用GPS全球定位系统测量，但有一些单位还仅存在全站仪或经纬仪进行线路复测，在此先介绍全站仪或经纬仪复测。

一、概述

复测的目的和意义为：由于设计定位到施工，需经过电气、结构的设计周期，往往间隔一段较长的时间。在这段时间里，因农耕或其他原因发生杆塔位桩偏移或杆塔位桩丢失等情况。甚至在线路的路径上又新增了地物，改变了路径断面。所以在线路施工前，应按照有关技术标准、规范，对设计测量钉立的杆塔位中心桩位置进行全面复核。对于桩位偏移或丢失情况，应补钉丢失桩。复测的目的是避免认错桩位、纠正被移动过的桩位和补钉丢失桩，使施工与设计相一致。

复测的基本内容为：施工前，根据施工图纸提供的线路中心线上各直线桩、转角度、杆塔位中心桩及测站桩的位置、桩间距离、档距和高程，跨越物，线行凸起点、风偏危险点，转角度等，进行复核测量。包括：

（1）核对现场桩位是否与设计图相符。

（2）校核线路中心线与线路转角度。

（3）校核杆位高差和档距，补钉丢失的杆位桩，设置施工辅助桩。

（4）校核交叉跨越位置和标高。

（5）校核风偏影响点是否满足要求。

（6）校核基础边坡保护距离、拉线坑基面与基坑基面高差、特殊地形塔位断面、边导线对地距离等。

桩位以及相互距离和高差，其误差不许超过规范允许范围，若超出下列范围，则应查明原因并予以纠正。并填写“复测报告”。

（1）设计直线桩横线路方向偏差大于50mm。

(2) 两相邻杆塔位中心桩间的距离与设计值相比顺线路方向的偏差大于设计档距的1%。

(3) 转角桩实测转角值与设计值相比,偏差大于1′30″。

(4) 线路地形变化较大、地形凸起点、被跨越物的标高实测值与设计值比,偏差超过0.5m。

(5) 距离测量的相对误差,同向测量应不大于1/200,对向测量应不大于1/150。

(6) 测距较大或无法通视时,宜采用GPS或全站仪测量。

线路复测完成后,填写复核测量表格,提交复测报告。对需降基的施工面,应设置控制桩,以便降基后恢复中心桩。

复测的技术准备:平断面图、地形图、基础配置表、基础图、杆塔明细表、复测记录。

复测的工具材料:仪器(全站仪、经纬仪、RTK)、脚架、花杆、棱镜、塔尺、钢圈尺、吊锤、帆线、记号笔、计算器、笔、笔记本、刀、锄头、胶钳、手锤、木桩、钢钉、手喷漆、竹条、三角彩旗带。

复测的人员组织:测量工、找桩人员、辅助人员。

二、复测的操作方法

1. 全站仪或经纬仪复测方案

(1) 先分析平断面图,按可通视为原则,距离一般在1km内,最远也不超过1.5km。确定好测站桩号,明确各测点、桩号前后的地貌。

(2) 按视距法复测档距、相对高差、转角度等。

(3) 预留后视方向。

(4) 掌握各桩号的地质地貌、交通运输、施工场地等。

2. RTK复测方案

(1) 以坐标找点。

(2) 线放样找点。

(3) 线放样打方向桩。

(4) 坐标反算。

(5) 坐标。

(6) 距离。

(7) 高程。

(8) 角度。

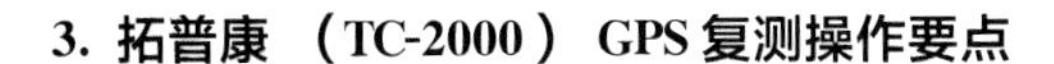

3. 拓普康（TC-2000）GPS 复测操作要点

（1）新建工地。

（2）设置基站。

（3）与流动站连接。

（4）坐标输入：编辑点、增加点、输入。

（5）现场取点：两个以上，距离尽量远些，最好是所测量范围的头尾，这样误差会少些，所取点为 84 坐标。

（6）坐标转换操作：编辑→点→设置→坐标类型→选择“地面”→确定→增加→输入点名→输入所取点的地方坐标（两个以上）→确定。

测量→地方坐标转换→选取输入的地方点→选取对应现场取点的 84 坐标名称→确定→之后检查、校对，该步骤需 2 个点以上。

1）进入工作状态。

2）进入坐标反算。

4. 天宝（SCS900）GPS 复测操作步骤

（1）打开（新建立工地）。Start（退出程序开机进入主界面）→Trimble SCS900（主界面）→基本设置后确定→①工作任务→建立新工地→工地名称（输入）→检查工地名称→下一步→选择工地校正文件（测量，选择西安 80 或北京 54 坐标系统）→结束→输入新工作任务名称→下一步→结束。

输入坐标建立坐标系统，用 U 盘将坐标数据输入手簿，以便建立工地时用（输入坐标前将 Excel 格式文件转换成 CSV 格式，并只保留一份表格）。

Start（退出程序开机进入主界面）→打开文档→点向下小三角“▼”下拉菜单文件→My Disk（显示 U 盘文件，查找 CSV 文件 Hard Daste→点击打开击→选择文件）→右键（按约 2s）选择 Copy（复制）→退出程序再打开 My Disk→选择 Document and setting→beijing54xiang80→paste（粘贴）。

（2）基站设置。主界面→⑥系统设置菜单 GPS→①设置基准站→无线→确定→扫描接受机，选择接收机（SPS780，4619114129）→是→设定基站高→检测接收机→信息（是）→①通过接收机内电台→扫描接收机→选择电台信道（一般选择 0 信道）→确定（完成基站设定）。

（3）流动站设置。主界面→⑥系统设置菜单 GPS→②设置流动站→无线→确定→扫描接收机，选择接收机（SPS＊＊＊＊768）→确定→检测接收机信息（是）→①通过接收机内电台→扫描接收机→选择电台信道（一般选择0信道）→确定（完成流动站设定）→是否检查考核（选择“否”）关闭。检查GPS防卫星是否处于“固定”状态。

（4）以坐标找点。主界面→③放样→①点→列表→选点→确定→下一步（移动找点）。

（5）线放样打方向桩。主界面→③放样→②线→定义确定线→选择点→确定→下一步→⑤忽略高程→确定→确定→选择②任选间隔打桩（点击右上角）。

（6）测量取点。主界面→②测量→④测量工地要素→测量点→切换测量类型，选取①点→输入代码→输入点名称→确定→记录。

（7）计算。主界面→⑤土方与坐标几何主界面→③计算距离和面积主界面→选取需要的工作（点间平距、角度、面积、基线外距离等）。

（8）数据下载。开始Start→左上角图标点击打开→点击“▲”打开→My Device→Trimble SCS900 Data→选择点击已经建立并在工作使用的工地→点击Work Orders文件夹→显示已选择的工地名称→点击→显示Output文件夹→点击进入→显示工地名称-Record及工地名称-Report两个文件名称→将两个文件Copy（复制）或Cut（剪切）至U盘Hard Daste中进行Paste（粘贴）即可→在电脑中打开。

（9）删除历史文件。开始start→左上角图标点击打开→点击“▲”打开→My Device→Trimble SCS900 Data→点击要删除的工作名称→Delete（删除）。

5. 天宝（SCS900）GPS复测操作技巧

（1）作数据传输的U盘不能有病毒。

（2）输入手簿的坐标列表中不能出现中文字符，只能存在英文及阿拉伯数字。

（3）基站设定后连线时先将主机线、信号线、天线等做适当连接，经检查正确后才连接电源线，电源有正负极之分（不能接反，如线连接不正确，有可能将电台或主机烧坏），接好后打开GPS主机及电台机。

（4）电台后面有一开关，LOW为近距离，HIGH为远程，输电线路测量一般选择远程，当开关打至远程时电台前面有一灯会亮。

（5）在任意点摆放基站，按现场已知点坐标进行校正工地时，最好多取几点，以便提高点线的精度。

（6）基站摆放应选择净空条件好、远离反射源的场所，避开强磁场（雷达、高压线、微波塔和磁铁矿等）的干扰，并尽可能架高，以提高数据链的传输速度和距离。

（7）如在测量过程中出现误操作，则要从基准站读取数据，检查天线类型、天线高、电台等参数的正确性，并重新设置流动站。

（8）基站主机安装在三脚架上时，一定要对中整平，如对中不正，则会造成放样、取样点的精度大打折扣。

（9）RTK 技术的出现，几乎完全改变了传统的控制测量方法。然而 RTK 的测量技术还存在一定的局限性，比如遮挡、强磁场干扰、太阳黑子及超远距离等因素都对测量质量有一定的影响，甚至无法进行测量。

（10）目前大多数 RTK 仪器都已采用 OTF 方法计算整周模糊度，大大缩短了计算时间。因此，在无干扰的测区，仪器锁定卫星在 5 颗以上时，5s 内 RTK 测量即获得固定解，手簿显示的收敛值一般在 2cm 以内。此时的收敛值真实地反映了天线中心测量的内符合精度。若 RTK 测量 60s 以上才得到固定解，此时的收敛值可能存在伪值，需要进一步确认。

（11）卫星精度在固定值时才可进行作业（水平及竖直精度达 0.020mm 以下），浮动及自动解都可能造成精度超差。

（12）工程作业前应将仪器进行一次总复位，以确保仪器工作状态最佳。

（13）每个测量人员在使用 GPS 前最好在平地上打桩进行平距、角度、高差校核，以便掌握仪器的精度及熟悉操作步骤，了解误差等情况。

（14）因该型号机的内存小，如建立过多文件夹会影响手簿速度，建议进行删除。

（15）GPS 在现阶段施工的紧张时期，难以做到专人专用，工地及操作人员变动性较大，因 GPS 为指导性强、高精密、贵重的测量仪器，在使用、运输、保管时各人员必须高度重视。

（16）木桩一般选择不易破桩头的杂木棒（如铲柄）；打桩前在桩头侧面位置写上编号；在找到桩位后用红白相关的小彩旗标记；用红色醒目的标示引路。

（17）坐标转换。可通过下载软件进行计算，因有地域性，过程及结果也不尽相同。

6. Hiper IIG 电源开关键功能

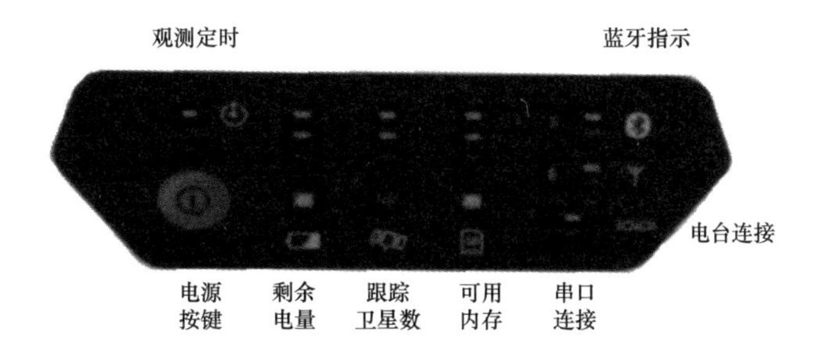

图 3-1　Hiper IIG 接收机操作面板

Hiper IIG 接收机操作面板如图 3-1 所示。

（1）开机。1s。按住电源开关键 3s 以内再松开，如图 3-2 所示，接收机开机。电池条指示开机的进度。开机后（大约 20s）电池条将会关闭一段时间，并能听到“Receiver Ready（接收机准备好）”的声音提示，表示接收机已经可以工作了。

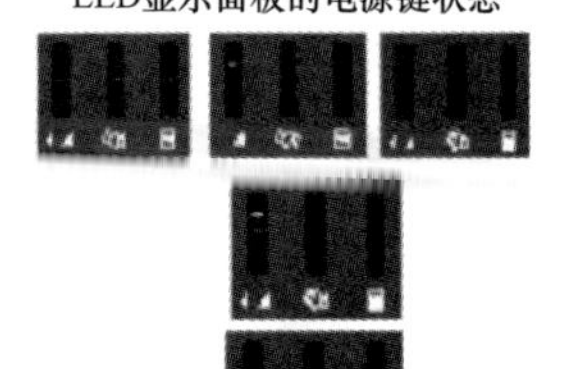

图 3-2　显示面板图示

开机时，接收机健康状态指示灯亮是正常的。

（2）关机。大于 3s，小于 10s。按住电源开关键 3～10s，直到听到“Power off（关机）”的声音提示。此时，上部的三个电源状态指示灯亮。

（3）出厂设置。大于 10s，小于 20s。当接收机开机后，按住电源开关键 10～20s，直到听到“Factory Reset（出厂设置）”的声音提示。此时上部的三个电源状态指示灯、卫星跟踪状态指示灯和内在状态指示灯均亮。松开电源开关键则设置所有的仪器参数为出厂缺省设置值。

注：该操作是不可撤回的。

（4）删除内存。大于 20s，小于 25s。当接收机开机后，按住电源开关键 20～25s，直到听到“Delete Files（删除文件）”的声音提示。此时，上部的三个内存状态指示灯亮。松开电源开关键则删除内存中的所有文件。

注：该操作是不可撤回的。

如果不能确认是否要删除内存中的所有文件，则继续按住该键到 25s 以上，接收机将返回到正常操作模式。要从内存中删除某些文件，需要使用手簿或 PC 机上的拓普康 TRU 程序。

（5）忽略。大于 25s。按住电源开关键 25s 以上，会听到“Continue Operation（继续操作）”的声音提示。此时，接收机不会执行任何动作，接收机将返回到正常操作模式。接收机不会关机，数据文件不会被删除，仪器参数也不会被设置为出厂缺省值。

7. RTK 操作注意事项

（1）RTK 须在固定解时才能进行精确测量工作。

（2）RTK 须避免靠近水面、房顶、树荫等有可能反射或遮挡的地方。

（3）当较长时间达不到固定解时，可查看卫星系统情况，一般接收在线卫星须 4 个以上。

（4）基站外挂电台设置在建基站之前，即自动定位之前设置好。

（5）流动站电台要与基站电台频道一致，校核及重启点击菊花链。

（6）手簿反应慢时清除多余的文件，维护系统的正常运行。

（7）电池正负极不能接错，不能短路。

（8）数据传输线、天线、电源线必须连接正确，核对无误连接电源，再开机。

（9）接线连接头时，对准方向，不能左右摇动，须直插直拔。

（10）字母大小写转换，先按“2ND”，再按“E”。

（11）亮度调节，先按“2ND”，再按“U”亮度减，按“X”亮度增。

（12）删除键，按 BACK。

（13）浮点解是处于卫星传输不理想状态。

（14）单点定位是处于未与电台连接状态，在检查系统中未有数据显示。

（15）坐标反算要转换成地面坐标。

（16）在系统中检查各设备处于正常状态。

（17）在各步骤中都有设置，可在设置中调整各参数

（18）须经常删除多余文件。

（19）开机后按住 GPS 接收机的电源开关键至三排指示灯全亮才松开该键。

（20）RTK 接收机的内存不足，故隔一段时间就需清理（恢复出厂设置），这样可腾出空间。

（21）手簿蓝牙可搜到其他蓝牙设备，说明手簿蓝牙正常，手簿作业完毕要先退出蓝牙再关机。

（22）RTK 测量，观测前应对仪器初始化，并得到固定解。当长时间不能获得固定解时，宜断开通信链路，再进行初始化操作。

（23）RTK 作业中，如出现卫星失锁，应重新初始化，并经重合点测量检测合格后，方能继续作业。

8. 线路复测施工注意事项及技巧

（1）在复测时，尽可能将方向桩打上，直线桩在大小号侧选择恰当位置钉立。因为三点一线，如果分坑时三点都在一直线上，则该中心桩较为明确是在一直线上。如果三点不同线，表示出现问题，则需要找出原因，解决后才进行分坑。转角塔在两条直线的大小号方向都钉立方向桩。方向桩须在记录本上登记，或在草图上标注好位置、距离，以便做好后续的分坑工作。

（2）对照地形，分析基础的配置、护面等。

（3）在通视的情况下，尽量选择全站仪进行复测工作，可团队作业，加快复测进度。因为通视、直观，所以置信度更高。

（4）如选用全站仪，须提前分析好平断面图，预先选择测站位置，以便安排找桩人员及路向。对仪器、通信用电在前一天准备充分。

（5）如采用经纬仪测量大于500m的距离，要考虑分段测量，或用半丝测量。要先对对立塔尺人员交底好，配合好视镜人员读数。

3.2 基 础 分 坑

基础分坑测量是依据施工图设计的线路基础配置表中基础根开、基础型式所给出的基础底面宽和基坑深度，结合塔位基础土质而确定的安全坡度和操作裕度，计算出分坑测量的数据，再根据计算出的数据在线路现场塔位上将铁塔四个基坑位置于地面放样出来的测量操作。

一、概述

分坑的目的意义为：按设计的基础形式按开挖、控制尺寸正确地放样至原始地面，为施工提供技术指导。

分坑的基本内容包括：正方形基础、矩形基础、转角塔基础、高低腿基础、高低腿转角塔基础、拉线π杆基础。

分坑的技术准备包括：基础配置表、平断面图、地质资料、坑口的近点远点计算。

分坑的工具材料包括：仪器（全站仪、经纬仪、GPS）、脚架、花杆、棱镜、塔尺、钢圈尺、吊锤、帆线、记号笔、计算器、笔、笔记本、刀、锄头、胶钳、手锤、木桩、钢钉、手喷漆、竹片、水泥砂浆。

分坑的人员组织包括：测量工、拉尺协助人员、辅助人员。

二、分坑基本操作

1. 正方形基础分坑

如图3-3所示：已知基础Ⅰ腿为1型阶梯基础，Ⅱ为2型阶梯基础，Ⅲ腿为3型偏心斜柱基础，Ⅳ腿为4型等截面斜柱式基础，综合斜率为0.078。图3-3中，a为基础根开，根开为4128mm；b为基础底板边长，边长为2800mm；O为铁塔的中心；E为基础半对角。

分坑前先分别算出各坑口近点 E_1 和远点 E_2 尺寸。计算过程为：

基础半对角 $E=\sqrt{2}\times(a/2)$

Ⅰ坑口近点 $E_1=\sqrt{2}\times(a/2-b/2)$，远点 $E_2=\sqrt{2}\times(a/2+b/2)$

Ⅱ坑口近点 $E_1=\sqrt{2}\times(a/2-b/2)$，远点 $E_2=\sqrt{2}\times(a/2+b/2)$

Ⅲ坑口近点 $E_1=\sqrt{2}\times(a/2-$柱顶面尺寸$/2-$柱顶缩进尺寸)

远点 $E_2=\sqrt{2}\times(E_1+$底板)

Ⅳ坑口近点 $E_1=E-(\sqrt{2}b/3$　上柱高×综合料率)

远点 $E_2=\sqrt{2}\times$基础底板$+E_1$

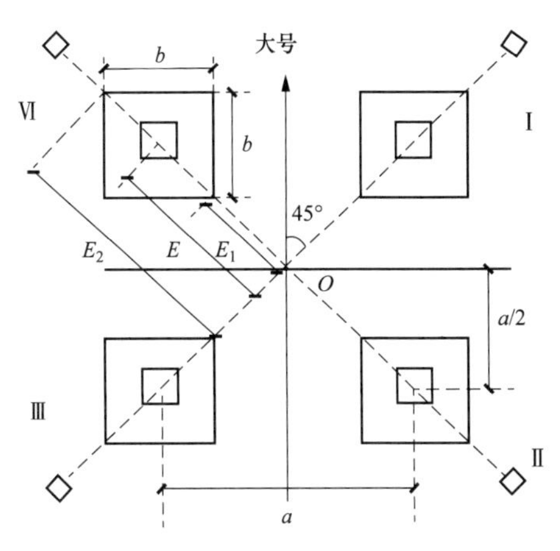

图 3-3　正方形基础分坑示意图

找取原始数据，计算、填入表 3-1 所示表格，经技术人员审核后实施。

表 3-1　结果记录

塔号：	塔型：		转角度：	
基础腿别	Ⅰ	Ⅱ	Ⅲ	Ⅳ
基础型号				
施工基面				
基础根开 a				
坑底尺寸 b				
基础半对角 E				
基坑近角点 E_1				
基坑远角点 E_2				

分坑时在中心点 O 安装平经纬仪，并前后视相邻杆塔位中心桩，明确不会横线行位移，定出方向桩。

将水平度盘归零，然后将仪器顺时针转 45°，按大于坑口远点约 3m 位置定出Ⅰ腿对角桩。

倒镜定出Ⅲ腿对角桩，再将仪器转到 135°，按大于坑口远点约 3m 位置定出Ⅳ腿对角桩倒镜定出Ⅱ腿对角桩。

自 O 点沿半对角方向分别量取坑口近点 E_1 及坑口远点 E_2，将 $2b$ 尺长的皮尺两端固定于 E_1、E_2 点，用手钩住皮尺中部 b 处向外拉直角即得出 1 点，再折向另一侧得出 2 点。将 E_1、1、E_2、2 四点连线，即为坑口的位置。

根据计算结果用同样方法定出另外三个腿的坑口位置。

2. 矩形基础分坑

（1）基础坑一般为正方形，地脚螺栓中点一般也在对角线上，按各分项施工控制操作的便利性，一般选择对角线来进行过程控制。如图 3-4 所示，先算出控制点 F、G 点与中心桩的距离，即

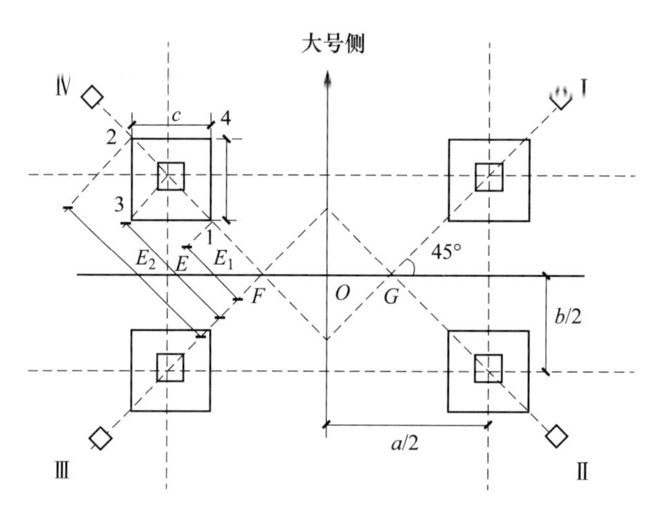

图 3-4　矩形基础分坑示意图

$$OG = OF = a/2 - b/2$$

坑口近点 $E_1 = \sqrt{2} \times (b/2 - c/2)$；坑口远点 $E_2 = \sqrt{2} \times (b/2 + c/2)$。

（2）在中点 O 处摆设仪器，前后视明确中心，水平度盘转 90°，在横线行定出方向桩，拉钢卷尺量取 OG 及 OF 距离，打桩并钉钉。

（3）在 F 桩摆镜，前视横线行方向桩，水平度盘归零，望远镜向线行左侧，顺时针转 45°，在离坑口 2～3m 的地方订立Ⅳ号坑方向桩。按此方向拉皮尺量出 E_1、E_2 距离，再分别订出 3、4 两点，完成Ⅳ号坑 1、2、3、4 角点的地面放样。

（4）在 F 桩逆时针转 45°，分出Ⅲ号坑。

（5）将仪器摆在 G 点，同样方法分出Ⅰ、Ⅱ号。

（6）再复核对角钉、根开对角，完成整基基础分坑。

结果记录在表 3-2 中。

表 3-2　　　　结　果　记　录

塔号：	塔型：		转角度：	
腿别	A	B	C	D
基础正面根开 a	3000＋各学员学号×100			
基础侧面根开 b	2400＋各学员学号×100			
坑底尺寸 c	1900			

续表

塔号：	塔型：		转角度：	
基础半对角 E				
基坑近角点 E_1				
基坑远角点 E_2				

3. 转角塔基础

转角塔基础分坑与正方形基础分坑相似，横担摆布在内角平均线上，先钉立出横担桩，再以与横担桩成 45°角为对角的方向来分坑，需注意坑号，内角、外角基础配置，以及基础顶面预高值等。

4. 高低腿基础

由于高低腿的配置，造成各腿根开的不同，所以须以各腿的半根开计算出半对角，以各不同的高低腿别各自在对角线上进行分坑。需注意的是量取平距时须打水平。

5. 拉线 n 杆基础

先计算出交叉拉线交叉点投影位置在线行上的距离，计算出拉线的拉棒出口点与杆中的投影平距。利用仪器测量拉线出口点与低杆基面起算点间的相对高差，高了按计算前移，低了按计算后移，按现场实际地形反复进行修正，移动调整至最佳位置。为避免交叉拉线互模，按照习惯计算拉线投影长度时一般左侧拉线加 15cm，右侧拉线减 15cm。完成拉棒出土点定位测量后，再按同样方法测定拉盘坑中位置，必须保证拉盘按原状土的最低埋深点计算。之后按实际地形测量出的数据计算拉线长度，并标注编号、统计，交材料站及施工班组。

6. 群桩基础

先钉出对角桩，定位半对角，再分布各桩位中心。如场面较大，则须钉立多些辅助桩。

7. 等截面斜柱基础

等截面斜柱基础的分坑与普通基础类似。

等截面斜柱基础（如图 3-5 所示）因其优良的受力效果和节材，是目前超高电压输电线路使用较多的基础。但该形式对地质有一定的要求，也需要一定的计算量，以及施工过程的技术含量。如果将这种形式的施工掌握透彻，其他形式的基础施工就能较易掌握。因此，可以说这是更高级别的施工技能技术。

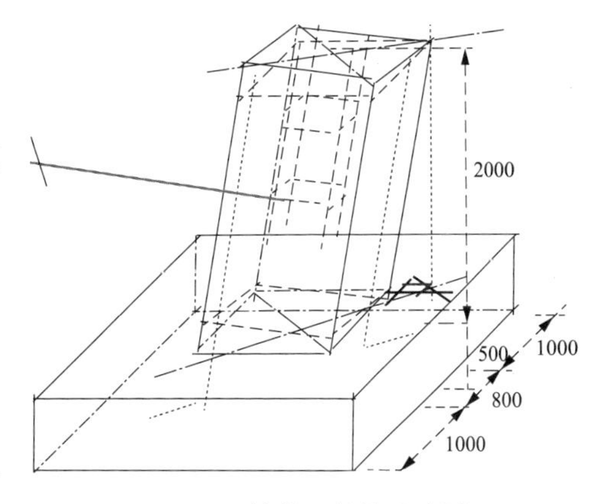

图 3-5　等截面斜柱基础图

等截面斜柱基础施工计算方法如下。

（1）分坑。计算式为

$$半对角\ E = \sqrt{2} \times (根开/2)$$

$$坑口近点\ E_1 = E + 主柱高 \times 综合斜率 - \sqrt{2} \times 底板宽/2$$

$$坑口远点\ E_2 = E_1 + 底板宽 \times \sqrt{2}$$

（2）模板加工。将综合斜率分解为正面及侧面的斜率，则正＝侧＝综合斜率/$\sqrt{2}$。求出各边长度，即三条边长计算式为

$$中边 = 主柱高/\cos(\tan^{-1} 综合斜率)$$

$$短边 = 中边 - 主柱宽 \times 正面斜率$$

$$长边 = 中边 + 主柱宽 \times 正面斜率$$

（3）钢筋加工。求出各根钢筋的长度、角度。先求最长及最短，角度也是求最大及最小，其他的按平均分即可。计算式为

$$中长 = (主柱高 + 底板厚 - 上、下保护层)/\cos(\tan^{-1} 综合斜率)$$

$$短长 = 中长 - (主柱宽 - 两边保护层) \times 正面斜率$$

$$长长 = 中长 + (主柱宽 - 两边保护层) \times 正面斜率$$

$$角度:中间 = 90^\circ$$

$$小角 = 90^\circ - \tan^{-1} 正面斜率$$

$$大角 = 90^\circ + \tan^{-1} 正面斜率$$

（4）地脚螺栓安装。用专用夹具支承于主模顶，地脚螺栓下面用 8 号铁丝按对角线方向穿过模板锚固于实土上。

8. 中心桩位移基础

杆塔的位移是由转角、横担宽度、不等长横担以及直线杆塔换位等原因引起的。因此，有些转角杆塔在设计时从杆塔的结构上已经考虑了补偿，不需要在基础分坑时再考虑位移。所以分坑之前，必须阅读设计说明书，看是否有强调说明；再审核杆塔结构图纸，判断是否需要位移；并尽可能与设计人员沟通，或在图纸会审时提出此问题。

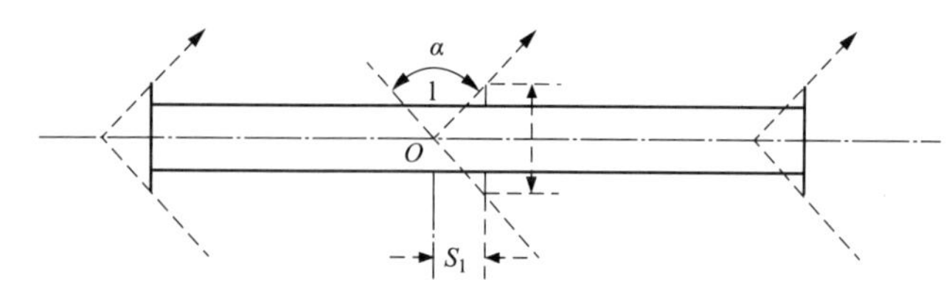

图 3-6　等长宽横担转角杆塔基础的分坑位移值计算

（1）等长宽横担转角杆塔基础的分坑测量见图 3-6。

计算式为

$$s_1 = b/2 \times \tan(\alpha/2) \tag{3-1}$$

（2）不等长宽横担转角杆塔基础的分坑测量见图 3-7。

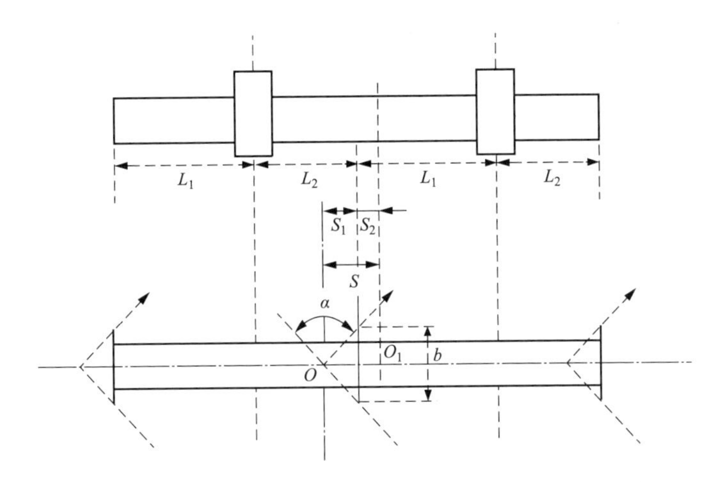

图 3-7　不等长宽横担转角杆塔基础的分坑位移值计算

计算式为

$$s = s_1 + s_2 = b/2 \times \tan(\alpha/2) + (L_1 - L_2)/2 \tag{3-2}$$

（3）高低腿转角塔基础中心桩位移计算。还有一种情况，高低腿的大转角塔，经常在铁塔组立时，第一个平台的水平铁难以装上，距离短了，如硬拉安装，待组立完成之后检查主材就有变形弯曲现象。这是因为转角塔预倾之后在横线行的投影根开比原设计的基础根开小，而高低腿设计就更明显。虽小微变化，但也足以超过塔腿底板地螺孔的裕度，使主材弯曲并永久性变形，影响整体结构的稳定受力。之后也遇到这样的基础形式，在认知的基础上对横线行上山坡侧的两个基础进行了通过计算量的位移（如图 3-8 所示），进行基础施工，得以顺利组塔，证实了该案例位移的正确性。

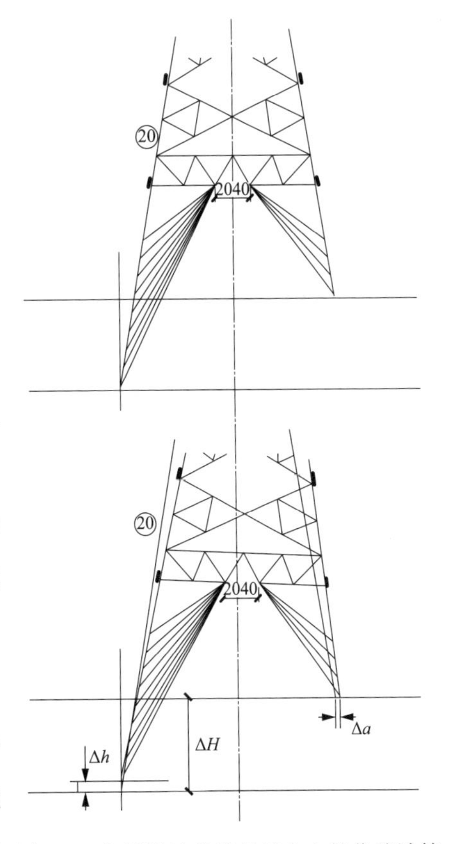

图 3-8　高低腿转角塔基础中心桩位移计算

计算式为

$$\Delta a = \Delta H \times 预倾率‰ \tag{3-3}$$

（4）地形地质影响在规范内位移。塔位桩的桩位对地形地质有要求，为了保证长期的运行安全，设计部门会对塔位的地形地质、水文气候等持科学严谨太度。但在野外受高大乔木或低矮灌木等地表植被的影响，也有可能造成不够正确的判断或漏测。加之有些塔位占地较大，待复测分坑清理地表后便可直观反映，所定位的塔位可能不是最理想点位。对此，或可申请设计进行优化，或在规范允许范围内进行少许位移，或加高基础主柱优化塔基安全。或许可以加大基础边坡保护距离、减少基础护面工程、水土流失等，或避开孤石、沟渠。

（5）平断面图设计位移。设计时某杆塔位桩由某控制桩位移得到，如N7号杆塔位置为Z_7+20，即7号杆塔位由Z_7桩前视20m定位，这也需要复测时补桩测量，称为位移补桩。

（6）测量定位误差位移。在线行复测时，经反复复核档距与设计有出入较大时，须报填写“复测报告”给设计等待方案。如出入不大（在规范内），则综合考虑，位移纠正，但也须填报“复测报告”。

9. 分坑测量注意事项及技巧

控制桩也为辅助桩，一般为测量人员使用，并服务其他桩发生丢失、松动、位移、检查时用，因此须钉立稳固，不易被施工人员和社会人员误碰。钉立时应合理选择位置，避免被动。

3.3 基 础 检 查

基础检查的目的和意义为：为了确保各类型的基础是建筑在指定的杆塔位置上，必须以杆塔位中心桩为依据，对基坑及基础进行质量检查，对施工中的基础进行操平找正。

整基铁塔基础填土夯实后，须对基础的本体和整基基础的各部尺寸、整基基础中心与塔位中心桩及线路中心线的相对位置，进行一次全面检查。其质量标准应满足GB 50233—2014《110kV～750kV架空输电线路施工及验收规范》的规定。

一、概述

基础检查的基本内容包括：整基基础偏移、扭转检查。

基础检查的技术准备包括：基础配置表、基础图、杆塔明细表。

基础检查的工具材料包括：仪器（全站仪、经纬仪）、脚架、花杆、棱镜、塔尺、钢圈尺、吊锤、帆线、记号笔、计算器、笔、笔记本。

基础检查的人员组织包括：测量工、拉尺协助人员、辅助人员。

二、基础检查的基本操作

1. 整基基础偏移检查

铁塔都应准确地组立在线路中线指定的地面位置上。因此，整基铁塔基础中心应与塔位桩中心重合。如不重合，则将出现整基基础偏移顺线路方向或横线路方向，这种情况称为整基基础偏移。

整基基础偏移的检查方法见图 3-9，图 3-9(a) 所示为正方形地脚螺栓基础示意图，图 3-9(b) 所示为插入式基础示意图。

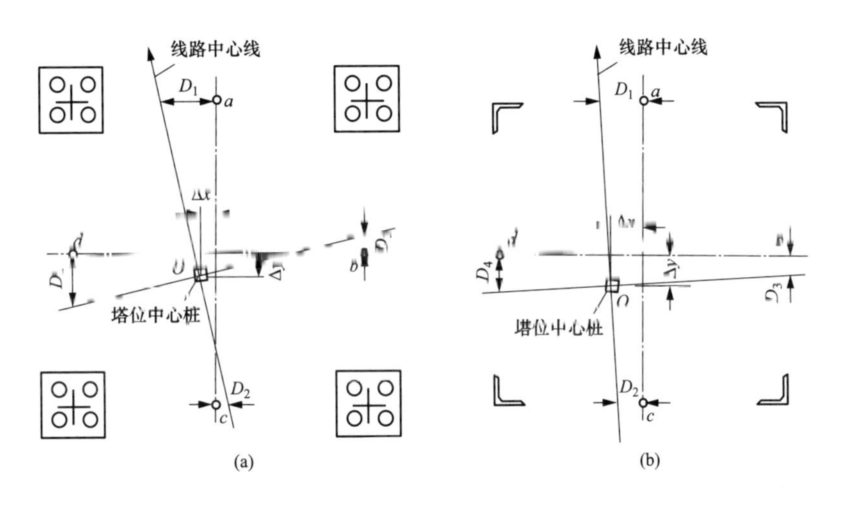

图 3-9　整基基础偏移检查

(a) 正方形地脚螺栓基础；(b) 插入式基础

将经纬仪安置在塔位桩中心 O 点上，望远镜瞄准线路前视方向的线路超级桩（转角塔应瞄准线路转角的平分线），测量望远镜视线侧的基础根开值中心 a 点，是否与望远镜的竖丝重合。若不重合，则用钢尺量出实际偏差值 D_1。再倒转望远镜，按同样方法测量出线路后视方向的偏移值 D_2，则整基基础的横线路方向偏移值为

$$\Delta x = \frac{1}{2}\left| D_1 - D_2 \right| \tag{3-4}$$

如图 3-9(b) 所示的基础正、倒镜偏移值，均在望远镜视线的同一侧，则整基基础横线路方向的偏移值为

$$\Delta x = \frac{1}{2}(D_1 + D_2) \tag{3-5}$$

测量基础顺线路方向偏移值时，只需使望远镜从上述位置水平旋转 90°，用正、倒镜时

的同样方法量出图 3-9 所示的偏移值 D_3 及 D_4，则整基基础在顺线路方向偏移值的计算方法如下。

图 3-9(a) 中，因测出的基础偏移值 D_3、D_4 分别在视线的两侧，则整基基础顺向偏移值的计算式为

$$\Delta x = \frac{1}{2}\left| D_3 - D_4 \right| \tag{3-6}$$

如图 3-9(b) 所示，因测出的基础偏移值 D_3、D_4，均在望远镜视线的同一侧，整基基础顺向偏移值须按式（3-7）计算，即

$$\Delta x = \frac{1}{2}(D_3 + D_4) \tag{3-7}$$

【例 3-1】 设由图 3-9(b) 中测量知：$D_1 = 12\text{mm}$、$D_2 = 9\text{mm}$、$D_3 = 10\text{mm}$、$D_4 = 14\text{mm}$，试求整基基础的偏移值为多少？

解：由图示知基础的顺、横线路偏移值均在望远镜视线的同一侧，则计算整基基础偏移值为

$$\text{横线行偏移值} \quad \Delta x = \frac{1}{2}(D_1 + D_2) = \frac{1}{2}(12 + 9) = 10.5(\text{mm})$$

$$\text{顺线行偏移值} \quad \Delta y = \frac{1}{2}(D_3 + D_4) = \frac{1}{2}(10 + 14) = 12(\text{mm})$$

2. 整基基础扭转检查

在正常情况时，过塔位中心桩的顺线路方向和横线路方向，应分别与铁塔基础的横向和纵向根开的中点重合。若不重合，则说明该铁塔基础产生了扭转。

整基基础的扭转检查方法如图 3-10 所示。将经纬仪安置在塔位中心桩 O 点上，使望远镜瞄准线路前方的直线桩（检查转角塔基础时应瞄准线路转角的平分线），将水平度盘读数调到整 0°位置。观测此时视线方向两侧基础的根开中点 a 是否与望远镜的竖丝重合。若不重合，应松开照准部的制动螺旋，使望远镜瞄准 a 点，测出扭转角 β_1 值。然后以 a 点为基准，使望远镜顺时针水平旋转 90°角，观测出图 3-10 中的 β_2 角度值。其后，依同法测出扭转角 β_3 及 β_4（如图 3-10）。

则整基基础扭转计算式为

$$\text{顺线路扭转角} \quad \beta_y = \frac{1}{2}(\beta_1 + \beta_3) \tag{3-8}$$

$$\text{横线路扭转角} \quad \beta_x = \frac{1}{2}(\beta_1 + \beta_3) \tag{3-9}$$

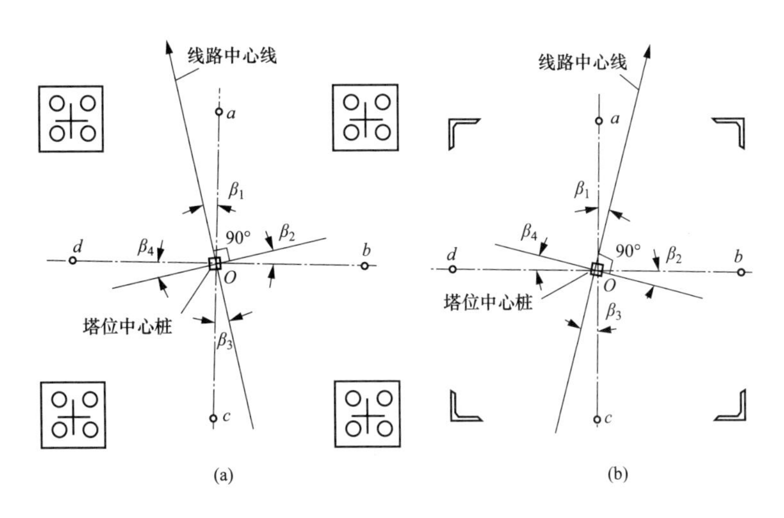

图 3-10　整基基础扭转检查

（a）正方形地脚螺丝基础；（b）插入式基础

如果观测中的扭转角 β_1 与 β_3 或 β_2 与 β_4，同在线路中心线顺线行或横线行方向的同一侧，则计算式（3-8）和式（3-9）应改写为

$$\text{顺线路扭转角}\quad \beta_y = \frac{1}{2}|\beta_1 - \beta_3| \tag{3-10}$$

$$\text{横线路扭转角}\quad \beta_x = \frac{1}{2}|\beta_1 - \beta_3| \tag{3-11}$$

【例 3-2】 设图 3-10（a）所示的实测数据分别为 $\beta_1=6'$、$\beta_2=5'$、$\beta_3=2'$ 及 $\beta_4=2'$，求整基基础扭转角值为多少？

解：由图可知，各扭转角分别在望远镜视线的两侧，因此求整基基础扭转角为：

$$\text{顺线路扭转角}\quad \beta_y = \frac{1}{2}(\beta_1+\beta_3) = \frac{1}{2}(6'+2') = 4'$$

$$\text{横线路扭转角}\quad \beta_x = \frac{1}{2}(\beta_1+\beta_3) = \frac{1}{2}(5'+2') = 3.5'$$

整基基础的扭转角为 3.5′～4′，没有超过规范允许范围，故不须对基础采取校正措施。

3.4　塔　倾　测　量

倾斜测量的目的意义为：检查铁塔架线受力前后的结构情况，耐张塔受力后不向内角侧倾斜。虽然铁塔理论上是刚体，但由于可能的塔材角钢加工放样尺寸有所误差，组装过程的螺栓紧固程度，或者螺孔契合的紧密度、角钢的变形等，都可能在架线受力后对铁塔的结构造成一定的改变。特别是耐张转角塔、导地线巨大的紧线过牵引张力及长期远行张力、对塔体向内角拉伸的合力、施工及外界因素等，足以使螺栓紧固不良的塔身产生倾斜甚至弯曲。为保持塔身长期运行的结构稳定，处在良好的受力状态，所以对塔倾斜的程度进行测量，掌握情况，监测且须保持在误差范围内的倾斜，再按规范进行判定、分析。

一、概述

倾斜测量的基本内容为：测量视点 1、视点 2 各在顺线行及横线行的倾斜值，以及视点高（如图 3-11 所示）。

倾斜测量的技术准备：塔型，转角度，导地线参数，记录表。

倾斜测量的工具材料：仪器、脚架。

倾斜测量的人员组织：测量工、辅助 1 人。

二、倾斜测量的基本操作

1. 图示及记录表

（1）先对中整平仪器。对中即在被测铁塔地面上来第一个平台（即接腿平台）的前后两面中点的延长线上，摆设仪器，误差不超过半颗螺栓。

（2）测量视点高，测量出起算点至视点 1、视点 2 的垂高，填在图 3-11 所示表格上。

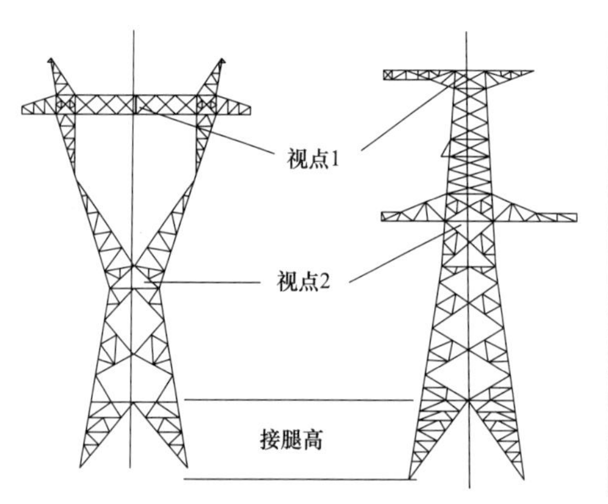

	视点1	视点2
视点高(m)		
正面(mm) (左或右)		
侧面(mm) (前或后)		
倾斜值(mm)		
倾斜率(‰)		
判定		

图 3-11　视点 1、视点 2 图示

（3）先测量正面，在起算点打横摆放一把塔尺，仪器摆镜对中后锁住水平度盘，读取塔尺读数并记录，比如读数是 A。将望远镜垂直向上旋转观测视点 1，旋转水平微调，令十字线对准塔结构中心（如图 3-12 所示），之后打下望远镜至起算点，读数并记录，比如读数为 B。然后再将望远镜观测视点 2，于塔尺处读数为 C。则 B 与 A 之差为正面所测视点 1 的倾斜值，填表记录。C 与 A 之差为正面所测视点 2 的倾斜值，填表记录。完成正面倾斜测量。

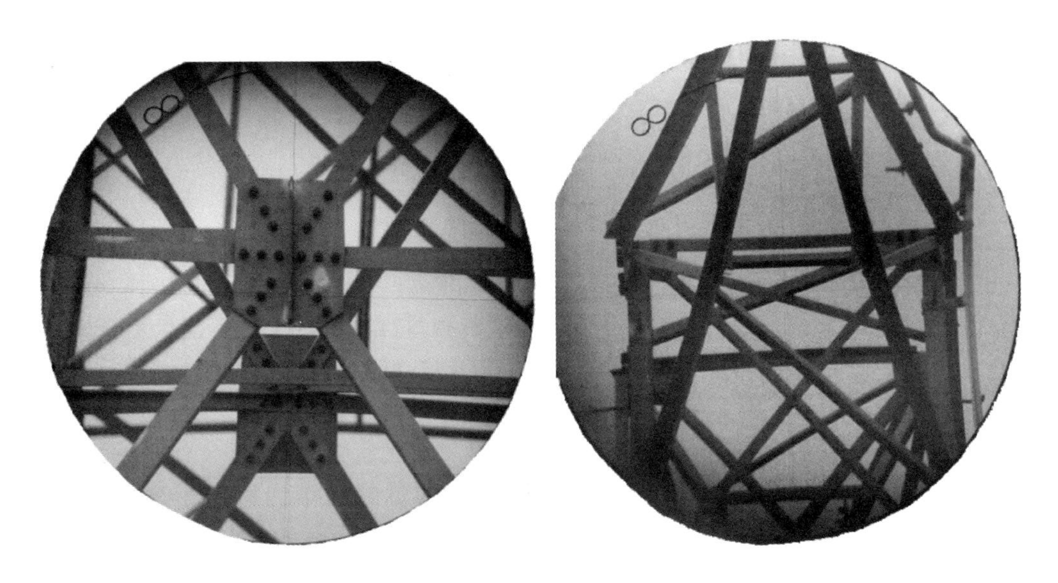

图 3-12　十字线对准塔结构中心

（4）再测量侧面，侧面测量操作与正面一样。

（5）计算。如图 3-11 所示，视点 1、视点 2 分别计算，将计算结果分别填入表格中。即

$$倾斜值 = \sqrt{正面^2 + 侧面^2} \tag{3-12}$$

$$\begin{aligned} 倾斜率 &= \frac{倾斜值}{视点高} \times ‰ \\ &= \frac{\sqrt{正面^2 + 侧面^2}}{视点高} \times ‰ \end{aligned} \tag{3-13}$$

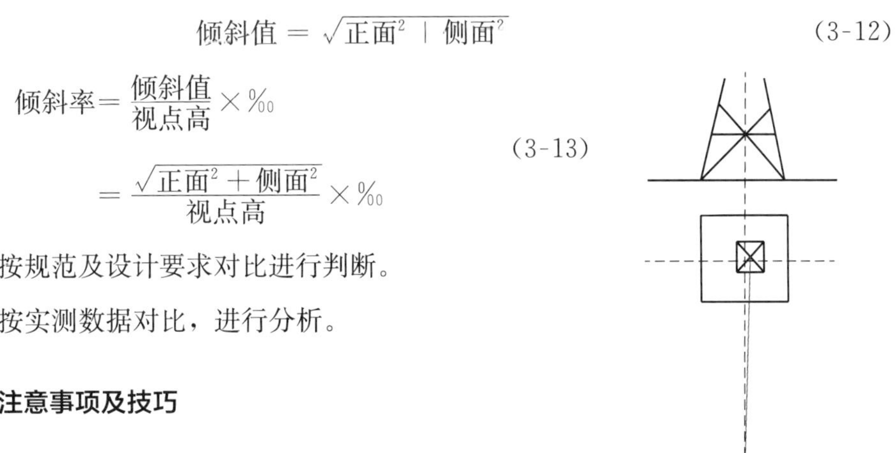

（6）判定。按规范及设计要求对比进行判断。

（7）分析。按实测数据对比，进行分析。

2. 倾斜测量注意事项及技巧

（1）为便于观测，摆放距离于 1.2 倍塔高外（如图 3-13 所示）。

（2）为了测量成果的准确，对中尽量控制在半颗螺丝之内。

图 3-13　塔倾斜测量图示

（3）对中操作一般须多次调整移动，才能将仪器摆在正确位置。先目测塔身结构（比喻八字铁），初步选择位置，再通过望远镜十字线观测，精确选择位置。如偏离，可按前后塔面距离与偏离数值，按比例左右移动仪器，增加准确度，减少移动次数。

（4）一般塔身中轴都可以较为容易地找到中点，比如螺丝、竖铁。但在镜内螺丝多了，也难以找到准确的中点，所以要灵活利用瞄准窗口，十字线与之重合后，目光移出望

远镜，远眺观测并记住目标周围的参照物，再从望远镜内观测，也可利用微调轻轻转动望远镜分辨参照物。

3.5 弧 垂 测 量

弧垂测量的目的意义为：配合紧线工作，按设计弧垂准确装配于杆塔挂点上（如图3-14所示）。

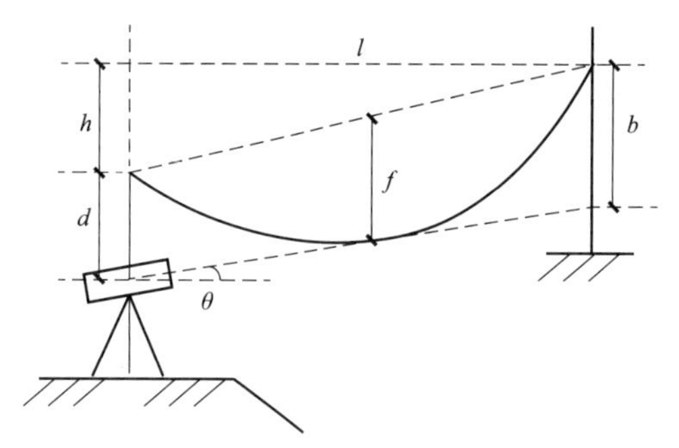

图3-14 档端角度法弧垂观测示意图

一、概述

弧垂测量的基本内容：等长法、异长法、角度法、平视法、弧垂检查。

弧垂测量的技术准备：弧垂表、杆塔明细表。

弧垂测量的工具材料：仪器、尺、伞、计算器、通信设备。

弧垂测量的人员组织：测量工、辅助人员。

二、弧垂测量的基本操作

$$\sqrt{a}+\sqrt{b}=2\sqrt{f} \qquad (3\text{-}14)$$

1. 架空线弧垂的概念

架空线弧垂是指以杆塔为支持物而悬挂起来的呈弧形的曲线。架空线任一点至两端悬挂点连线的铅垂距离，称为架空线的该点的弧垂 f，也称弛度。计算式为

$$f=\frac{l^2 g}{8\sigma}=f_{\mathrm{p}}\left(\frac{l}{l_{\mathrm{p}}}\right)^2=f_0(h<10\%l\text{ 时}) \qquad (3\text{-}15)$$

$$f_\theta=\frac{l^2 g}{8\sigma\cos\theta}=\frac{f_{\mathrm{p}}}{\cos\theta}\left(\frac{l}{l_{\mathrm{p}}}\right)^2=f_0\left[1+\frac{1}{2}\left(\frac{h}{l}\right)^2\right](h\geqslant 10\%l\text{ 时}) \qquad (3\text{-}16)$$

弧垂值的大小分下列两种情况：

（1）两悬挂点等高，如图3-15所示，A、B 为等高的两悬挂点，$\overset{\frown}{AOB}$为架空线，O 为其最低点，则 O 点在档距中点，O 点至 A、B 连线的垂直距离即为架空线弧垂$\overset{\frown}{AOB}$的弧垂值，用 f 表示。

（2）架空线悬挂点不等高，如图 3-16 所示，A、B 为不等高的两悬挂点，$\overset{\frown}{AOB}$为架空线，O 为其最低点，平行于 AB 连线作切线 A_1B_1 切架空线$\overset{\frown}{AOB}$于 S 点，则 S 点位于档距中点。弧垂有以下三种：

1）悬挂点 A、B 间架空线的最大弧垂 f（AB 连线中点与切点 S 的垂直距离即档距中点弧垂值）。

2）架空线 A 侧的平视弧垂 f_2（悬挂点 A 至最低点 O 的垂直距离）。

3）架空线 B 侧的平视弧垂 f_1（悬挂点 B 至最低点 O 的垂直距离）。

其中：

$$f=\frac{1}{4}(\sqrt{f_1}+\sqrt{f_2})^2$$

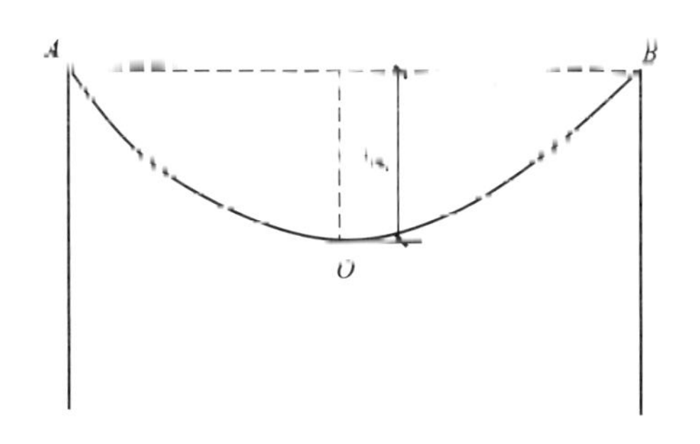

图 3-15　悬挂点等高时的弧垂

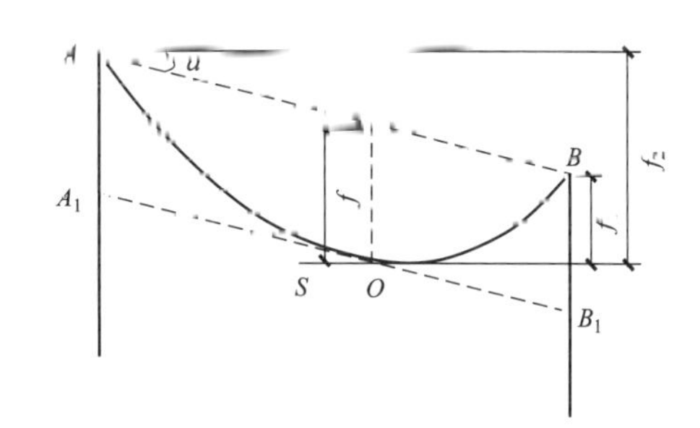

图 3-16　悬挂点不等高时的弧垂

2. 弧垂观测档的选择

紧线施工前，技术人员需根据线路杆塔明细表中的技术数据、线路平断面图和现场实际情况，选择弧垂观测档。根据耐张段的规律档距（也称代表档距），按不同温度给出的代表档距下的弧垂值，计算出观测档的弧垂值。

一条送电线路由若干个耐张段构成，每个耐张段由一个档或多个档组成。仅有一个档的耐张段称为孤立档；有多个档组成的耐张段，称为连续档。孤立档按设计提供的安装弧垂数值观测该档弧垂即可；在连续档中选择一个或几个观测档进行观测。为了使整个耐张段内各档的弧垂都达到平衡，应根据连续档的多少，确定观测档的档数和位置。对观测档的选择应符合下列要求：

（1）紧线段在 5 档及以下档数时，选择靠近中间的 1 档作为观测档。

（2）紧线段在 6～12 档时，靠近紧线段的两端各选 1 档作为观测档。

（3）紧线段在12档以上时，靠近紧线段的两端和中间可选3～4档作为观测档。

（4）观测档应选择档距较大和挂线点高差较小及接近代表档的线档。

（5）弧垂观测档的数量可以根据现场条件适当增加，但不得减少。

（6）观测档宜在紧线档内均匀布置，相邻观测档相距不超过4个档距，地形起伏变化较大时，应减少观测档间距。

（7）重要交叉跨越档宜设置观测档。

3. 观测档弧垂的计算

观测档的弧垂，是根据送电线路杆塔明细表中，一个耐张段的代表档距和弧垂曲线中对应于代表档距弧垂计算出来的（推荐多利用Excel表格计算），其计算公式如下。

（1）连续档的弧垂观测值计算。

1）观测档内未连耐张绝缘子串。观测档的弧垂计算公式为

$$f=\frac{l^2g}{8\sigma\cos\varphi}=\frac{f_p}{\cos\varphi}\left(\frac{l}{l_p}\right)^2$$
$$\varphi=\tan^{-1}\left(\frac{h}{l}\right) \tag{3-17}$$

式中 f——观测档的观测弧垂值（指等长切点的弧垂值），m；

l_p——耐张段的代表档距，m；

f_p——对应于代表档距的弧垂，m；

φ——观测档挂线点高差角，(°)；

l——观测档的档距，m；

g——架空线的比载，N/m×mm^2；

h——观测档两端悬挂点高差，m；

σ——架空线的水平应力，N/mm^2。

2）观测档内一侧连有耐张绝缘子串。见图3-17，弧垂观测档档内架空线一端连耐张绝缘子串时，其弧垂观测值为：

$$\begin{aligned}f&=\frac{f_p}{\cos\varphi}\left(\frac{l}{l_p}\right)^2\left(1+\frac{\lambda^2\cos^2\varphi}{l^2}\times\frac{g_0-g}{g}\right)^2\\&=\frac{f_p}{\cos\varphi}\left(\frac{l}{l_p}\right)^2\left(1+\frac{\lambda^2\cos^2\varphi}{l^2}\times\frac{\omega_0-\omega}{\omega}\right)^2\end{aligned} \tag{3-18}$$

$$g_0=\frac{G}{\lambda S}$$

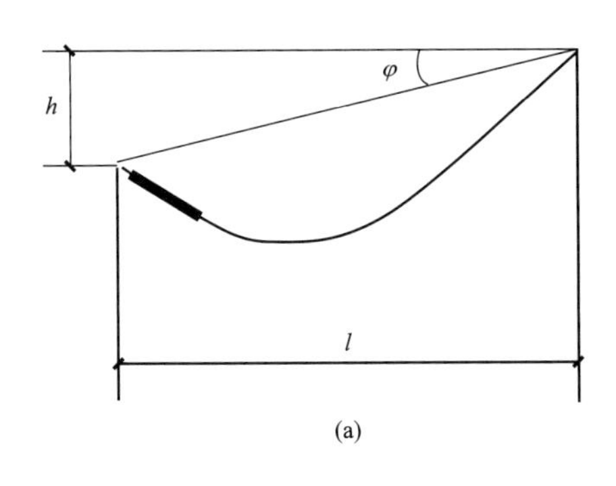

(a)

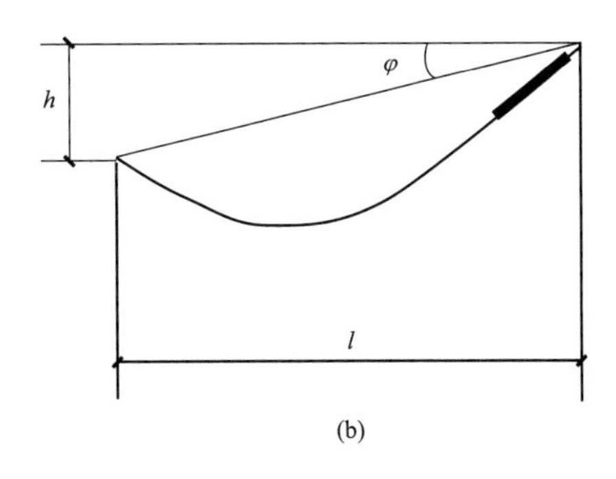

(b)

图 3-17　观测档内一侧连有耐张绝缘子串

式中　λ——耐张绝缘子串的长度，m；

g_0——耐张绝缘子串的比载，kg/m×mm^2；

G——耐张绝缘子串的重量，kg；

S——架空线的截面积，mm^2；

ω_0——耐张绝缘子串单位长度的自重力，kg/m；

ω——架空线单位长度的自重力，kg/m。

应注意，在利用式（3-18）计算时，应注意该式只适用于单根导线一端连有耐张绝缘子串的计算公式。如采用双分裂、四分裂、六分裂或八分裂导线，应将式（3-18）更改为

$$\begin{aligned} f &= \frac{f_p}{\cos\varphi}\left(\frac{l}{l_p}\right)^2\left(1+\frac{\lambda^2\cos^2\varphi}{l^2}\times\frac{g_0-ng}{ng}\right)^2 \\ &= \frac{f_p}{\cos\varphi}\left(\frac{l}{l_p}\right)^2\left(1+\frac{\lambda^2\cos^2\varphi}{l^2}\times\frac{\omega_0-n\omega}{n\omega}\right)^2 \end{aligned} \tag{3-19}$$

式中　n——分裂根数。

式（3-19）中的 G 和 ω_0 取值时注意是整个耐张串的重量参数，下文情况与此相同，在后文中将不再重复说明。

（2）孤立档的观测弧垂值计算。

1）档内一侧连耐张绝缘子串。在孤立档紧线观测弧垂时，架空线的一端已连有耐张绝缘子串，其弧垂观测值按式（3-18）和式（3-19）计算。一般情况下，此种方法不可取，因另一端安装耐张绝缘子串时，对已观测的弧垂值有影响。在实际操作时，可先将一端软挂，另一端耐张绝缘子串安装好后，在耐张串端头进行紧线看弧垂，此弧垂计算按下文的“档内两侧都连耐张绝缘子串”的公式进行计算。

2）档内两侧都连耐张绝缘子串。在孤立档挂线观测弧垂时，架空线的两端已连有耐张绝缘子串，其弧垂观测值应为

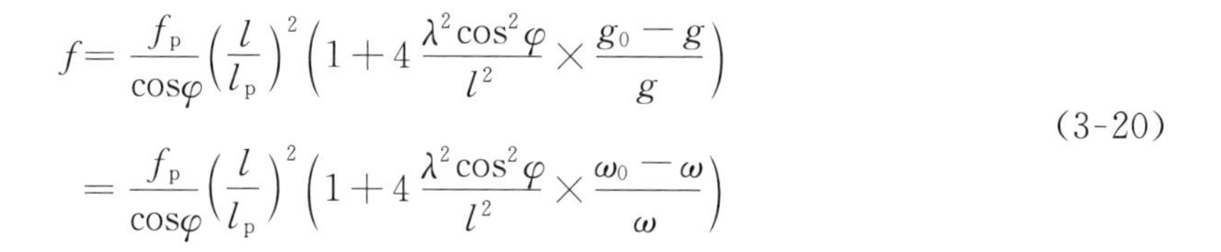

$$f=\frac{f_{\mathrm{p}}}{\cos\varphi}\left(\frac{l}{l_{\mathrm{p}}}\right)^{2}\left(1+4\frac{\lambda^{2}\cos^{2}\varphi}{l^{2}}\times\frac{g_{0}-g}{g}\right)$$
$$=\frac{f_{\mathrm{p}}}{\cos\varphi}\left(\frac{l}{l_{\mathrm{p}}}\right)^{2}\left(1+4\frac{\lambda^{2}\cos^{2}\varphi}{l^{2}}\times\frac{\omega_{0}-\omega}{\omega}\right) \tag{3-20}$$

4. 弧垂观测

（1）弧垂观测步骤及技术要求。

1）弧垂观测人员仔细阅读技术员编写的角度法弧垂观测计算表，明白观测点设置位置、仪器架设高度，观测角度是仰角还是俯角要分清。

2）弧垂观测人员将仪器架设在弧垂观测计算表中规定的位置（观测前已订立测站点桩位）、高度，经纬仪对中不超过5mm，整平不超过一格，仪器高度不超过±10mm。

3）弧垂观测人员根据紧线时该观测点的温度查找观测档对应的观测角，将仪器观测角度调整到弧垂观测计算表中对应的角度，如温度变化须根据观测时温度及时调整观测角度（温度计置于不挡风又不直接接受阳光暴晒的地方，离地面高度为1.5～2m）。

4）弧垂调整好后，弧垂观测人员通知施工人员在紧线段耐张塔和直线塔同时进行划印（印记必须清晰易辨，并在印记处缠绕电工胶带，但附件前须去掉，或者以画印记号笔画，但要保护印记不被磨掉）。

5）所有杆塔挂线完成后，观测人员必须重新观测弧垂误差值，确认符合要求后观测人员填写该观测档的紧线施工记录。

6）一个耐张段所有杆塔附件安装完成后，观测人员必须再次观测弧垂误差值，确认符合要求后该耐张段弧垂观测才最终完成，并填写该耐张段最终紧线施工记录。

（2）弧垂观测操作要求。由于受各方面影响，弧垂板观测弧垂时弧垂板绑扎误差较大，观测人员操作时随意性也较大。在之后的工程施工中，必须使用角度法进行弧垂观测，弧垂板观测法只能作为校核、检查弧垂的一种方法。角度法有档端、档内、档外、档侧法等多种观测方法。弧垂观测时须按下列程序进行操作：

1）弧垂观测时，调整仪器的观测角为对应温度计算的观测角，待调整导线张力，使视线与导线相切，此时导线的弧垂即为设计弧垂值。

2）弧垂观测时，先观测远离紧线侧的一个耐张段，弧垂符合要求后在所有杆塔上进行划印，进行耐张塔平衡开断和附件安装，再观测近侧的耐张段，依次逐耐张段进行紧线。

3）观测弧垂应采取“远-中-近”、“紧-松-紧”的顺序进行。具体紧线方法如下：

a）先调整操作塔最远的观测档，以收紧的办法将其达到弧垂。

b）再慢慢回松导线，使中间观测档弧垂达到设计要求值。

c）最后收紧导线，使最近的观测档达到要求值，依此类推，直至全部观测档调整完毕。

d）如为多分裂导线，同相子导线的调整方式应一致，同一根导线应连续调完全部观测档弧垂，以免已调好的观测档内产生弧垂变化。同一观测档同相子导线应同时收紧调整或放松调整，以免在非观测档内同相子导线弧垂不一致（滑车摩阻所致）和因受力时间长短不同而造成蠕塑变形不同。

e）如为多分裂导线，同相子导线都要统一以其中已调好的一根子导线的弧垂为标准，用经纬仪操平其余各根子导线；也就是第一根导线弧垂绝对值观测好后，经纬仪移至该导线正下方，找平其他根导线弧垂。

f）调整某一观测档的弧垂时，已经调好的各观测档应随时复查弧垂有无变化。已调整好的各观测档应协助正在调整观测档，控制收紧或放松的程度，避免收紧或放松过量，以致重新调整。

4）当一个放线区段内各个耐张段都只有2～3档，且耐张段长度在1000m以内时，也可以一次观测整个放线区段弧垂略小于设计弧垂值，然后各个耐张段分别在耐张塔上用手扳葫芦细调观测弧垂值，调整方法同3)条。

5）弧垂观测时，若各相观测时间间隔较长，选定观测温度也可能与实际温度存在差异。因此，后一相观测时应检测前一相弧垂对应的温度，后一相按前一相弧垂对应的温度进行观测，以此来减少因温度测定误差带来的相间弧垂误差。

6）附件安装好后，还应进行弧垂复查，弧垂的最终误差值应符合 GB 50233—2014《110kV～750kV 架空输电线路施工及验收规范》中 8.5.6～8.5.9 条相关规定的要求，见表 3-3 和表 3-4。

表 3-3　　弧垂允许偏差表

线路电压等级	110kV	220kV 及以上
允许偏差	+5%，－2.5%	±2.5%

表 3-4　　相间弧垂允许偏差最大值

线路电压等级	110kV	220kV 及以上
相间弧垂允许偏差值（mm）	200	300

注　不安装间隔棒的垂直双分裂导线，同相子导线间的弧垂允许偏差为＋100mm；安装间隔棒的其他形式分裂导线同相子导线间的弧垂允许偏差为：①220kV 为 80mm；②330～500kV 为 50mm。

（3）弧垂计算及观测注意事项。

1）观测档两端均为直线塔时，计算和观测均以滑车口轮槽顶（导地线与滑车接触点）为准。

2）观测档一端为直线塔，一端为耐张塔，直线塔计算和观测以滑车口轮槽顶为准。耐张塔有两种情况须分别对待：①如在耐张塔进行紧挂线，计算和观测以耐张塔挂线点挂孔为准；②如不在耐张塔进行紧挂线，计算和观测以耐张塔滑车口轮槽顶为准。

3）观测档一端为耐张塔的各相弧垂应分别计算和观测。

4）观测弧垂时的实测温度应能代表导线或架空地线的温度，温度应在观测档内实测，因此也有可能一个耐张段内几个观测档观测温度不同。

5）平地及丘陵段弧垂观测尽可能按耐张段分段进行，高山地段弧垂观测必须按耐张段分段进行，避免按放线区段一次性紧线。

6）当风力在三级以上或为雨、雪、雾天气，不宜进行弧垂观测。

7）同相子导线应在一天内紧好，防止子导线过夜初升长不一致，造成各子导线弧垂误差超标。

（4）经纬仪找平弧垂的方法和注意事项。经纬仪找平弧垂，导线与地线方法相同，现以导线为例。

在第一相弧垂 f 测定后，其他一相或两相应以第一相弧垂为准。具体操作步骤如下：

1）选择观测站。观测站应选择在线路中线上，如果是某相子导线弧垂找平，观测站应放在被测相的正下方；经纬仪望远镜仰角或俯角不太大，水平丝能够看到观测档弧垂最低切点为原则。地形高差较大可选择在低处或高处，宜选择在低处。地势不平可延长测站与弧垂切点间的距离。

2）经纬仪架设应精确调平，望远镜瞄准已观测好的弧垂，使水平丝与弧垂最低点相切，固定垂直度盘制动螺旋。水平移动望远镜，固定在弧垂被测点位置，随时与紧线负责人联系，估测与标准弧垂的差值，待弧垂稳定后，应与前相标准弧垂平衡即可。此时应考虑温差和间隔时间引起的相间弧垂差。

3）待线挂好后应检查复测，测出各相的垂直角并作记录，以备弧垂变化估测差值。

4）弧垂观测档要是两处或三处，经纬仪找平也应有两处或三处。

5. 弧垂观测计算方法

（1）等长法。计算式为

$$a = b = f \tag{3-21}$$

（2）异长法。计算式为

$$b = (2\sqrt{f_0} - \sqrt{a})^2 \quad (h < 10\% l\text{ 时}) \tag{3-22}$$

异长法观测弧垂方法是以目视或借助于低精度望远镜进行观测，由于观测人员视力的差异及观测时视点一切点间水平、垂直距离的误差等因素，因此该观测法一般只适应于档距较短、弧垂较小，以及地形较平坦、弧垂最低点不低于两侧杆塔根部连线。

当观测好一根子导线或一相线时，其他子导线或相线以此子导线为基准，可在眼睛前2～3m的地方（比如塔身前侧的角钢横格处），横拉直一根细线（比喻补衣服的线）。线的水平程度以对面直线塔的横担为基准，这样目测，更利于看平子导线及相间导线。

（3）角度法。为减少人为观测弧垂误差，首先选用角度法（实质是异常法），用经纬仪进行观测。

角度法是用经纬仪测垂直角观测弧垂常用的一种方法，因其在地面操作，而被广泛采用。角度法有档端、档内、档外、档侧等观测方法。由于使用方便，档端角度法使用较多。而其余几种方法由于测量数据多、计算相对复杂，一般只有在不适合档端法时才选用其他角度观测方法。因此，要根据地形条件和实际情况选用适当的观测方法来进行弧垂观测。

用角度法观测弧垂，经纬仪要检验合格并在检验有效期内，经纬仪垂直度盘指标误差应小于±30″。在测量角度时，用正、倒镜垂直角取其平均值作为观测角度。距离测量要精确，尽量用全站仪测距。如用经纬仪测距，其视距尽量短、目标清晰；根据现场实际情况，可选用作基线正弦法、余弦法测距；用往、返各测一次取其平均值的观测方法。

无论观测档内是否连耐张绝缘子串，其观测方法和步骤是相同的。本部分介绍一般在观测档内未连耐张绝缘子串的弧垂观测及检查的基本方法。

下面分别介绍各种角度法的弧垂观测方法。

1）档端角度法。档端角度法实质上就是采用经纬仪作业的异长法检测架空线弧垂的另一种体现方式。如图 3-18 所示，经纬仪架设在杆塔悬挂点的垂直下方，用垂直角 θ 测定架空线弧垂。

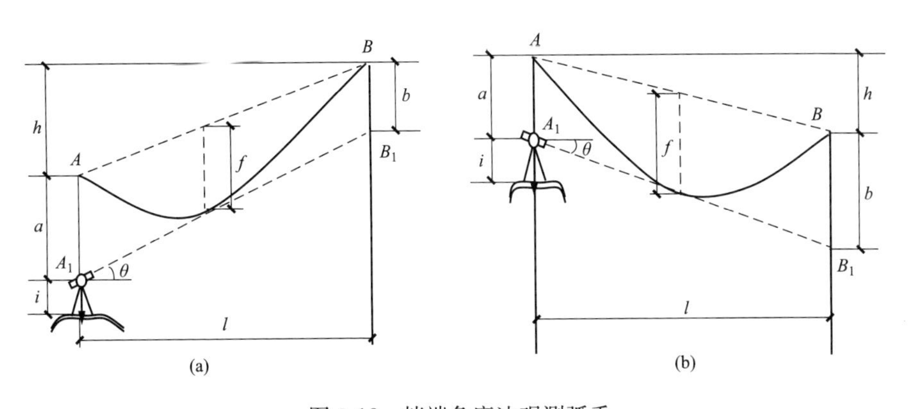

图 3-18　档端角度法观测弧垂

测算方法和观测步骤如下：

a）参考设计线路平断面图，选定弧垂观测站；如果中心桩丢失应补订中心桩，实测导线悬挂点高差 h 和档距 l。

b）实测观测时预计的仪器高 i（一般取 1.5m），计算出自导线悬挂点到仪器中心（横轴中心）的垂直距离 a。

c）根据导线悬挂点高差情况，按下列公式计算出观测档的弧垂 f。

d）计算弧垂观测角 θ 有悬链线式和抛物线式两种。第一种为悬链线式：仪器在低处观测时，如图 3-18(a) 所示，按三角关系得出

$$\theta = \tan^{-1}\frac{h+a-b}{l} \qquad [3\text{-}23(a)]$$

仪器在高处时，如图 3-18(b) 所示，从图中可以看出

$$\theta = \tan^{-1}\frac{-h+a-b}{l} \qquad [3\text{-}23(b)]$$

式［3-23(a)］和式［3-23(b)］可合并为

$$\theta = \tan^{-1}\frac{\pm h+a-b}{l} \qquad (3\text{-}24)$$

第二种为抛物线式：从异长法弧垂计算公式可知

$$b = (2\sqrt{f}-\sqrt{a})^2 = 4f-4\sqrt{fa}+a \qquad (3\text{-}25)$$

将 b 代入式（3-24）中，则有

$$\theta = \tan^{-1}\frac{\pm h+a-(4f-4\sqrt{fa}+a)}{l} = \tan^{-1}\frac{\pm h-4f+4\sqrt{fa}}{l} \qquad (3\text{-}26)$$

式中 θ——档端经纬仪垂直观测角度值（正值表示仰角，负值表示俯角）。

a——档端经纬仪视线 A_1B_1 对于悬挂点 A 下垂线的垂直截距，m。

b——档端经纬仪视线 A_1B_1 对于悬挂点 B 下垂线的垂直截距，m。

h——观测档的两悬挂点高差（经纬仪侧的悬挂点 A 较低时，其前的"±"号只取"+"号；经纬仪侧的悬挂点 A 较高时，其前的"±"号只取"−"号），m。

l——观测档的档距，m。

f——观测档的弧垂值，m。

e）按弧垂观测时预计气温，计算出不同温度（按该地区温差）时的弧垂 f 和观测角 θ，打印出不同气温的弧垂观测表；弧垂调整可根据温差对应于弧垂值进行调整。

f）观测弧垂时，仪器架设在补钉的中心桩上，对中整平后使仪器高为 i，按当时气温查

出弧垂观测角 θ，调整垂直角刚好为 θ。在紧线时望远镜对准观测点方向（垂直角度不变），待导线弧垂稳定正好与视线相切，则弧垂 f 即测定。

g）测导线弧垂，如三相为水平排列，可先测中相弧垂，之后依同法测两边线弧垂。一般以测定好的一相弧垂、其他相水平排列的，应以第一相为准找平弧垂。若为多分裂导线，第一根弧垂绝对值在中心桩上观测，其他子导线应在相应的导线正下方找平弧垂。

适用范围为：档端经纬仪视线对架空线的切点的采用范围与异长法相同，且范围应在 $d/l=0.319\sim0.681$（d 为支镜侧悬挂点 A 至切点距），相应的 $a/f=0.408\sim1.853$（$h<10\%l$ 时）。

【例 3-3】 如图 3-18(a) 所示，设已知某送电线路弧垂观测档的弧垂为 $f=9.6$m，档距 $L=415$m，两导线挂线点高差 $h=26.78$m，导线挂线点至仪器中心的垂直距离 $a=15.8$m。试求弧垂观测角 θ 值。

解：校核适用范围为：

$$\frac{a}{f}=\frac{15.8}{9.6}=1.645\in(0.408,1.853)$$

将题中已知数据代入式（3-26），则有

$$\theta=\tan^{-1}\frac{\pm h-4f+4\sqrt{fa}}{l}=\tan^{-1}\frac{26.78-4\times9.6+4\sqrt{9.6\times15.8}}{415}=5°10'59''$$

2）档内角度法。档内角度法观测弧垂时，将仪器架设在观测档内某处较高位置、中相导线正下方观测弧垂，如图 3-19 所示。调整架空线张力，使架空线稳定时的弧垂与望远镜的弧垂观测垂直角 θ 的视线相切，弧垂即为测定。

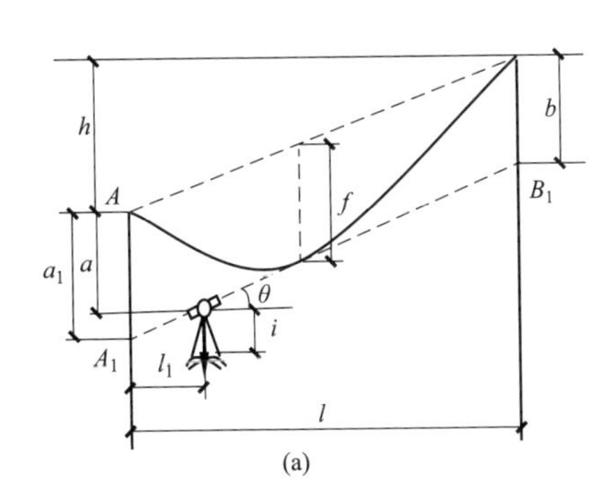

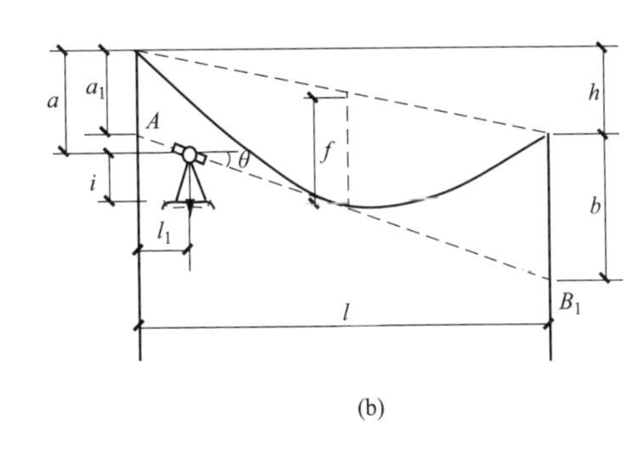

图 3-19　档内角度法观测弧垂

图 3-19(a) 和图 3-19(b) 所示分别为用仰、俯角观测弧垂的示意图。档内角度法观测角 θ，悬链线式按式（3-27）计算，即

$$\theta=\tan^{-1}\frac{a-b\pm h}{l-l_1}\tag{3-27}$$

抛物线式按式（3-28）计算，即

$$\theta = \tan^{-1}\left\{\left[(\pm hl - 4lf + 8l_1 f) + \sqrt{(\pm hl - 4lf + 8l_1 f)^2 + (\pm 8hf + 16af - 16f^2 - h^2)l^2}\right]/l^2\right\} \tag{3-28}$$

式中 θ——档内经纬仪垂直观测角度值（正值表示仰角，负值表示俯角）。

a——悬挂点 A 下垂线至档内经纬仪横轴中心的垂直截距，m。

b——档内经纬仪视线 A_1B_1 对于悬挂点 B 下垂线的垂直截距，m。

h——观测档的两悬挂点高差（经纬仪侧的悬挂点 A 较低时，其前的"±"号只取"+"号；经纬仪侧的悬挂点 A 较高时，其前的"±"号只取"－"号），m。

l——观测档的档距，m。

l_1——架空线中线下方弧垂观测点至 A 点的水平距离，m。

f——观测档的弧垂值，m。

测算方法和观测步骤如下：

a）首先选定弧垂观测站（打桩钉钉），选定时应根据线路平断面图和实际情况，选定适当的 a 值，使经纬仪垂直角视线尽量能与弧垂最低点相切。

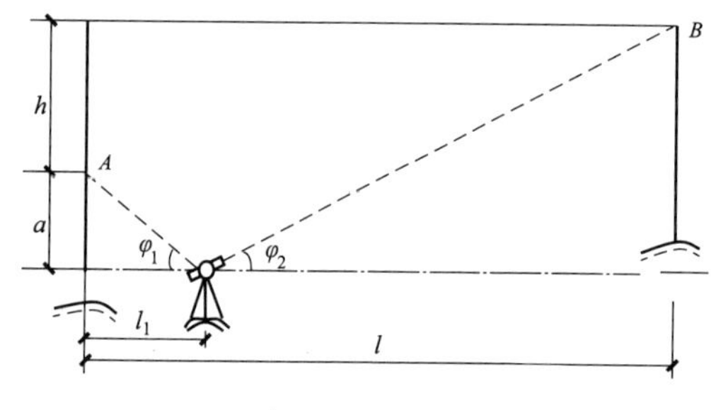

图 3-20　测量观测档两挂线点的高差

b）测出 l_1 与 A 塔中心的水平距离和高差。

c）a、h 值可以从平断面图和铁塔结构图中查出，但现场应复核，测法见图 3-20。高差计算式为

$$a = l_1 \tan\varphi_1 \tag{3-29}$$

$$h = (l - l_1)\tan\varphi_2 - a \tag{3-30}$$

式中 φ_1、φ_2——观测 A、B 悬挂点的垂直角。

d）根据已知的 f、l、l_1、h 等数据，按式（3-27）或式（3-28），即可算出弧垂观测角 θ。

e）弧垂观测方法与档端角度法相同。但须注意，因仪器正在架空线的下方，在紧线时应防止架空线起落碰撞观测人员和仪器。

适用范围为：档内经纬仪视线对架空线的切点的采用范围与异长法相同，且范围应在 $d/l=0.319\sim0.681$（d 为支镜侧悬挂点 A 至切点距），相应的 $a_1/f=0.408\sim1.853$。

3）档外角度法。档外角度法观测弧垂是将仪器架设在观测档外某处较高位置、中相导

线正下方观测弧垂，如图 3-21 所示。调整架空线张力，使架空线稳定时的弧垂与经纬仪的弧垂观测垂直角 θ 的视线相切，弧垂即为测定。

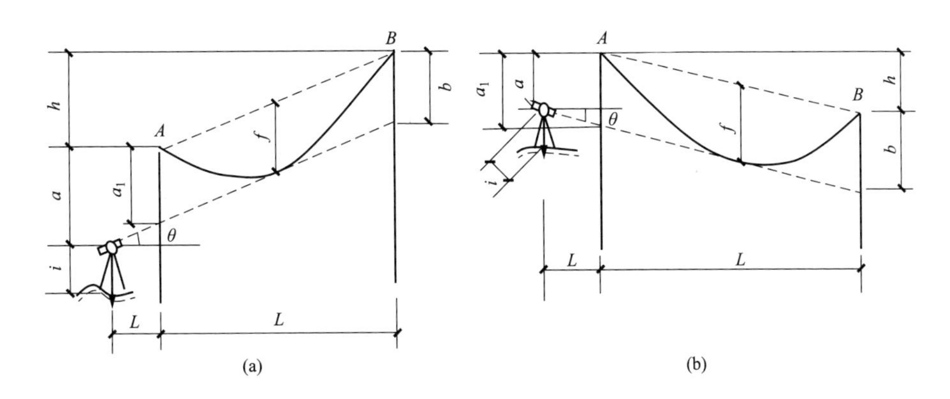

图 3-21　档外角度法观测弧垂

档外角度法观测角 θ，悬链线式按式（3-31）计算，即

$$\theta = \tan^{-1}\frac{a - b + h}{l + l_1} \tag{3-31}$$

抛物线式按式（3-32）计算，即

$$\theta = \tan^{-1}\left\{\left[(\pm hl - 4lf - 8l_1 f) + \sqrt{(\pm hl - 4lf - 8l_1 f)^2 + (\pm 8hf + 16af - 16f^2 - h^2)l^2}\right]/l^2\right\} \tag{3-32}$$

式中　θ——档外经纬仪垂直观测角度值（正值表示仰角，负值表示俯角）；

a——悬挂点 A 下垂线至档外经纬仪横轴中心的垂直截距，m；

b——档外经纬仪视线 A_1B_1 对于悬挂点 B 下垂线的垂直截距，m；

h——观测档的两悬挂点高差（经纬仪侧的悬挂点 A 较低时，其前的“±”号只取“+”号；经纬仪侧的悬挂点 A 较高时，其前的“±”号只取“−”号），m；

l——观测档的档距，m；

l_1——架空线中线下方档外弧垂观测点至 A 点的水平距离，m；

f——观测档的弧垂值，m。

测算方法和观测步骤如下：

步骤 a）和步骤 b）测定方法与档内角度法相同。

c）a、h 值可以从平断面图和铁塔结构图中查出，但现场应复核，测法见图 3-22。高差计算式为

$$a = l_1 \tan\varphi_2 \tag{3-33}$$

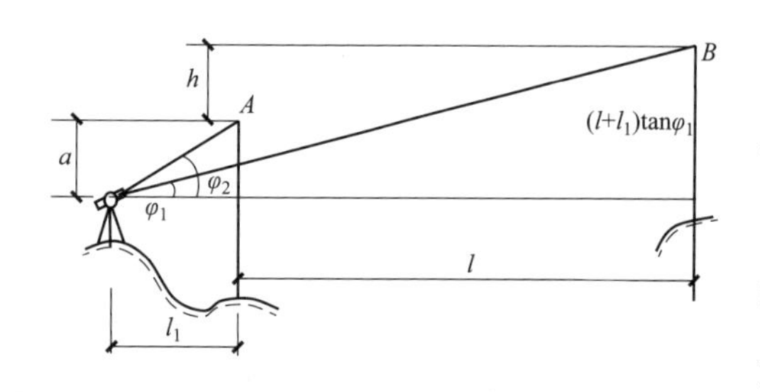

图 3-22　档外测量两挂线点的高差

$$h=(l+l_1)\tan\varphi_1-a \tag{3-34}$$

式中　φ_2、φ_1——观测 A、B 悬挂点的垂直角。

d）根据已知的 l_1、l、f、h 及 a 的数据，按式（3-30）或式（3-31），即可算出弧垂观测角 θ 值。

e）弧垂观测方法与档端角度法相同。但须注意，因仪器正在架空线的下方，在紧线时应防止架空线起落碰撞观测人员和仪器。

适用范围为：档外经纬仪视线对架空线的切点之采用范围与异长法相同，且范围应在 $d/l=0.319\sim0.681$（d 为支镜侧悬挂点 A 至切点距），相应的 $a_1/f=0.408\sim1.853$，经纬仪视线要尽量切到弧垂低点。

4）档侧角度法。档侧角度法有档侧中点和档侧任一点两种。其中档侧中点角度法需要找出 $l/2$ 观测档中点，再测定出垂直于线路方向的横线路的观测点 N。测定操作复杂，往往受地形条件限制，因此很少使用。其他施测方法与档侧任一点相同。现介绍档侧任一点角度法观测弧垂。

档侧任一点角度法观测弧垂是在观测档的侧方任意点（以接近档距中点的侧面为宜）观测弧垂的一种方法，距离以线路中心线的水平距离接近档距长度的一半为宜；此法适合用全站仪精确测定距离，经纬仪垂直角观测弧垂。图 3-23 所示为档侧角度法观测弧度的示意图。

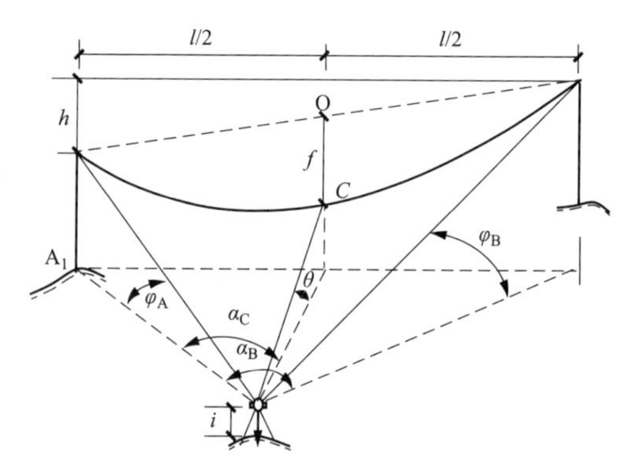

图 3-23　档侧中点角度法观测弧垂

仪器架设点为 N，观测时档侧经纬仪水平偏转角要求值为 α_C（如果观测档两端悬挂点高差较大，α_C 旋转要考虑接近弧垂低点，α_C 或大或小，否则经纬仪视线与导线相切交叉角过大会影响弧垂精度），垂直观测角要求为 θ，两悬挂点为不等高情况的抛物线式，架空线最大弧垂测定值为 f，计算式分别为

$$\alpha_C=\tan^{-1}\frac{l\sin\angle B_1A_1N}{2A_1N-l\cos\angle B_1A_1N} \tag{3-35}$$

$$\theta=\tan^{-1}\frac{\frac{1}{2}(\overline{A_1N}\tan\varphi_A+\overline{B_1N}\tan\varphi_B)-f}{DN} \tag{3-36}$$

$$\overline{A_1N}=\frac{-b+\sqrt{b^2-4ac}}{2a} \tag{3-37}$$

$$\overline{B_1N} = \frac{\overline{A_1N}\tan\varphi_A[\,] \pm h}{\tan\varphi_B} \tag{3-38}$$

$$\overline{DN} = \frac{l\sin\angle B_1A_1N}{2\sin\alpha_C} \tag{3-39}$$

$$\angle B_1A_1N = \sin^{-1}\left(\frac{\overline{B_1N}}{l}\sin\alpha_B\right) \tag{3-40}$$

$$\left.\begin{cases} a = \tan^2\varphi_A + \tan^2\varphi_B - 2\tan\varphi_A\tan\varphi_B\cos\alpha_B \\ b = \pm 2h(\tan\varphi_A - \tan\varphi_B\cos\alpha_B) \\ c = h^2 - l^2\tan^2\varphi_B \end{cases}\right\} \tag{3-41}$$

式中　α_C——支镜点 N 自悬挂点 A 按顺时针旋转至观测档中点 $l/2$ 的角度值；

θ——档距中点垂直角弧垂观测值；

φ_A——档侧支镜点经纬仪仰视悬挂点 A 的垂直角度值；

φ_B——档侧支镜点经纬仪仰视悬挂点 B 的垂直角度值；

α_B——档侧支镜点经纬仪自悬挂点 A，按顺时针旋转至悬挂点 B 点的水平角度值；

f——观测档测控安装弧垂，m；

l——观测档的档距，m；

h——观测档两悬挂点的高差（悬挂点 A 较低时，其前的“±”号取“+”值，悬挂点 A 较高时，其前的“±”号取“−”值），m；

$\overline{A_1N}$、$\overline{B_1N}$、$\overline{DN}$——A_1 与 N 间、B_1 与 N 间、D 与 N 间的水平距离，m；

$\angle B_1A_1N$——A_1N 与 A_1B_1 间的水平夹角，(°)。

测算方法和观测步骤如下：

a）选择适当的 N 点（打桩钉钉标记）作为观测站，在选定的 N 桩上，经纬仪对中、整平，分别测出 NA_1、NB_1 的距离，AB 点的高差，以及 α_B 的水平角。

b）分别计算出精确档距 l、$\angle B_1A_1N$ 夹角、α_C 的水平旋转角、ND 水平距离、AB 两挂线点高差及 O 点高差，根据不同温度的弧垂值 f，再计算出不同温度的弧垂垂直观测角 θ。

c）按计算设定仪器高度架设好经纬仪，对中整平后，仪器视线瞄准悬挂点 A，水平度盘归 0，按顺时针旋转 α_C 水平角后固定水平制动。

d）按当时气温调整好垂直度盘垂直角，待导线或地线紧线稳定后与水平视线相切，即弧垂测定。

若为多分裂导线线路，弧垂绝对值测定后，在顺线路下方选择合适的观测点，还需备一台经纬仪进行子导线弧垂找平和相间弧垂找平。

弧垂调整比较简单，可用经纬仪垂直角变化来进行调整。

【例 3-4】 如图 3-23 所示，设某 500kV 送电线路架设导线时，采用档侧角度法观测弧垂（用全站仪测量）。设仪器架设点为 N，在 N 点测得 A_1 点水平距离为 238.963m，A 点挂线点仰角为 $8°10'30''$，B_1 点水平距离为 257.358m，B 点挂线点仰角为 $9°56'48''$，$\angle A_1NB_1$ 水平角为 $129°16'33''$。要求复核 AB 的档距，计算出 ND 的水平距离，以及水平角应从 A_1 点旋转多少角度值（α_C）至 D 点（档距中点）。如果算得 $f=7.6$m，试求出该档的弧垂测控 θ 值。

解：根据已知条件，利用式（3-36）～式（3-41）分别算出档距 l、$\angle B_1A_1N$、α_C 的水平旋转角、ND 水平距离、AB 两挂线点高差及 O 点高差；根据不同温度的弧垂值 f，再计算出不同温度的弧垂垂直观测角 θ。计算式为

$$
\begin{aligned}
l &= \sqrt{NA_1^2 + NB_1^2 - 2NA_1NB_1\cos\alpha_B} \\
&= \sqrt{238.963^2 + 257.358^2 - 2 \times 238.963 \times 257.358 \times \cos 129.2758°} \\
&= 448.554(\text{m})
\end{aligned}
$$

$$
\angle B_1A_1N = \sin^{-1}\left(\frac{\overline{B_1N}}{l}\sin\alpha_B\right) = \sin^{-1}\left(\frac{257.358}{448.554} \times \sin 129.2758°\right) = 26°22'07''
$$

$$
\begin{aligned}
\alpha_c &= \tan^{-1}\frac{l\sin\angle B_1A_1N}{2A_1N - l\cos\angle B_1A_1N} \\
&= \tan^{-1}\frac{448.554 \times \sin 26.3686°}{2 \times 238.963 - 448.554 \times \cos 26.3686°} \\
&= 69°06'31''
\end{aligned}
$$

$$
ND = \frac{448.554 \times \sin 26.3686°}{2 \times \sin 69.1086°} = 106.621(\text{m})
$$

$$
\begin{aligned}
\theta &= \tan^{-1}\frac{\frac{1}{2}(\overline{A_1N}\tan\varphi_A + \overline{B_1N}\tan\varphi_B) - f}{DN} \\
&= \tan^{-1}\frac{\frac{1}{2}(238.963 \times \tan 8.175° + 257.358 \times \tan 9.9467°) - 7.6}{106.621} \\
&= 16°46'14''
\end{aligned}
$$

5）平视法。在直线档挂点低侧处观测时有

$$
f_a = f_0\left(1 - \frac{h}{4f_0}\right)^2 \quad (h < 10\%l\ \text{时})
$$

在直线档挂点高侧处观测时有

$$f_b = f_0\left(1+\frac{h}{4f_0}\right)^2 \quad (h < 10\%l\text{ 时})$$

6. 弧垂检查

架线完成之后，对导线、地线的弧垂要进行检查，其结果应符合上述现行技术规范的规定。

本部分介绍用档端、档外、档侧角度法检查弧垂的方法。以检查导线为例，如三相为水平排列，则看三相弧垂是否平行；如为平行，则可只检查一相；如为不平行，则对三相应分别进行检查。

（1）档端角度法。用档端角度法检查弧垂的方法和步骤如下：

1）如图 3-24(a) 所示，在低悬挂点测观测时，经纬仪架设在挂点 A 的垂直下方，量出或测出 A 至仪器横轴间的垂直距离 a。

2）在杆塔明细表中查出或实测出弧垂检查档的水平距离 l。

3）使望远镜视线瞄准架空线挂线点 B，用正、倒镜测出平均垂直角 θ_1，再使望远镜视线与架空线弧垂相切，测出平均垂直角 θ，则有

$$b = l(\tan\theta_1 - \tan\theta) \tag{3-42}$$

将式（3-41）代入异长法弧垂计算公式 $f=\frac{1}{4}(\sqrt{a}+\sqrt{b})^2$ 中，则实测弧垂为

$$f=\frac{1}{4}(\sqrt{a}+\sqrt{b})^2=\frac{1}{4}\times[\sqrt{a}+\sqrt{l(\tan\theta_1-\tan\theta)}]^2 \tag{3-43}$$

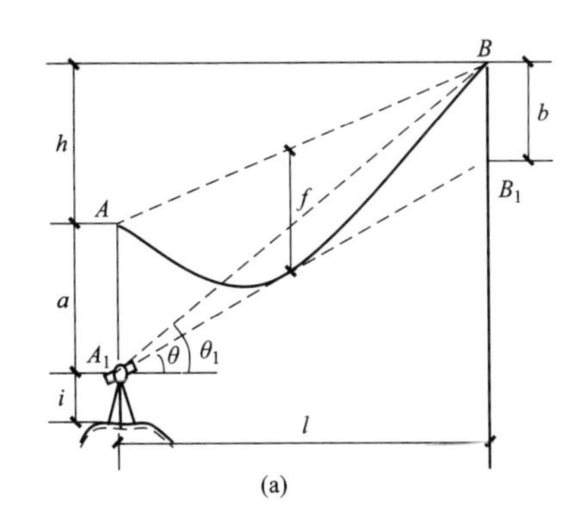

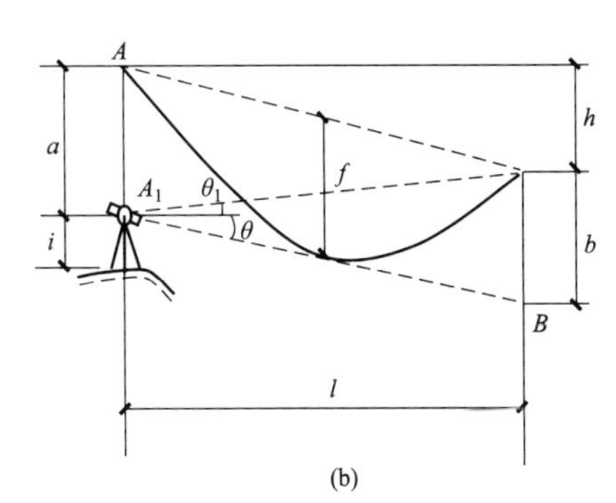

图 3-24　档端角度法观测弧垂

图 3-24(b) 所示为仪器在高悬挂侧、弧垂观测角为俯角时的情况，按上述方法测出 l、θ 及 θ_1，则有

$$b = l(\tan\theta_1 + \tan\theta) \tag{3-44}$$

将式（3-43）代入式（3-45）计算实测弧垂为

$$f=\frac{1}{4}[\sqrt{a}+\sqrt{l(\tan\theta_1+\tan\theta)}]^2 \tag{3-45}$$

4）按检查时气温、检查档距及代表档距下的弧垂，计算出标准弧垂 f_X 与检查实测弧垂 f 相比较，求出弧垂误差 Δf，以衡量弧垂是否符合质量标准。

5）经纬仪视线对弧垂的切点的采用范围与档端角度法观测弧垂相同。

【例 3-5】 某送电线路架线后，用档端角度法检查了某档导线弧垂。因为三线平行，只检查了中导线，测得数距为：$a=19.2\text{m}$，$l=347\text{m}$，$\theta=3°38'$，$\theta_1=3°12'$，检查时气温为 +10℃。试求中导线弧垂是否符合质量标准。

解：将 θ、θ_1 及 l 等已知数据代入式（3-43），则有

$$f=\frac{1}{4}[\sqrt{a}+\sqrt{l(\tan\theta_1-\tan\theta)}]^2$$

$$=\frac{1}{4}[\sqrt{19.2}+\sqrt{347\times(\tan3°38'-\tan3°12')}]^2$$

$$=9.015(\text{m})$$

设按检查时气温为 +10℃时的标准弧垂 f_x 为 9.03m，则弧垂误差为

$$\Delta f=f-f_X=9.015-9.03=-0.015(\text{m})$$

如按弧垂误差应不大于 −2.5% 的规定，则最大允许值应为

$$\Delta f=\frac{-2.5}{100}\times9.030=-0.226(\text{m})$$

该档 Δf 仅为 −0.015（m），所以这一档的弧垂是符合质量标准的。

（2）档外角度法。档外角度法检查弧垂适用范围广，在平原、丘陵、山区均可适用。平原地区可间隔一档或两档检查弧垂，丘陵、山区可间隔一档或相邻档中间山头（突兀点）检查弧垂。在已知档距或支镜点至或相邻杆塔距离情况下，测量计算更为简便。

检查弧垂的方法和步骤如下：

1）如图 3-25 所示，经纬仪架设在间隔一档杆塔中心正下方，在杆塔明细表中查出或测出档距 l_1、l_2。

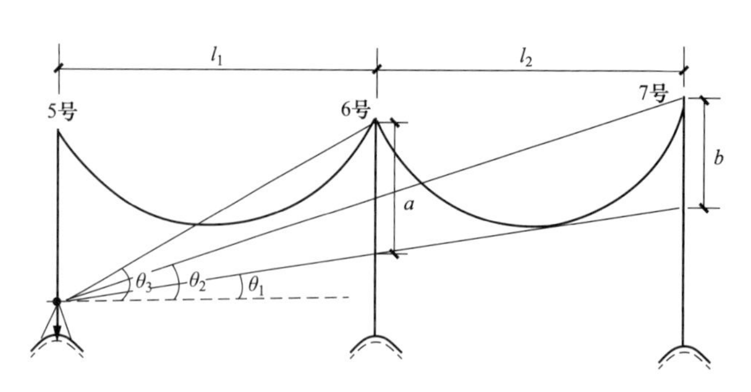

图 3-25　档外（间隔一档）角度法检查弧垂

2）用经纬仪分别测出检查弧垂档 6 号挂线点的垂直角 θ_3、7 号挂线点的垂直角 θ_2，再测出导线弧垂最低点的垂直角 θ_1，则有

$$a = l_1(\tan\theta_3 - \tan\theta_1) \tag{3-46}$$

$$b = (l_1 + l_2)(\tan\theta_2 - \tan\theta_1) \tag{3-47}$$

将式（3-46）和式（3-47）代入异长法弧垂计算公式，则实测弧垂为

$$f = \left[\frac{\sqrt{l_1(\tan\theta_3 - \tan\theta_1)} + \sqrt{(l_1 + l_2)(\tan\theta_2 - \tan\theta_1)}}{2}\right]^2 \tag{3-48}$$

3）按检查时气温、检查档距及代表档距下的弧垂，计算出标准弧垂 f_X 与检查实测弧垂 f 相比较，求出弧垂误差 Δf，以衡量弧垂是否符合质量标准。

4）经纬仪视线对弧垂的切点的采用范围也与档外角度法观测弧垂相同。

（3）档侧角度法。用档侧角度法观测弧垂在前文已介绍过，这种方法也适用于弧垂检查。所不同的是：在架线弧垂观测时，根据弧垂 f 值计算出观测角 θ，而在弧垂检查时，需实测出 θ 角，而后导求出弧垂 f 值，如图 3-26 所示。

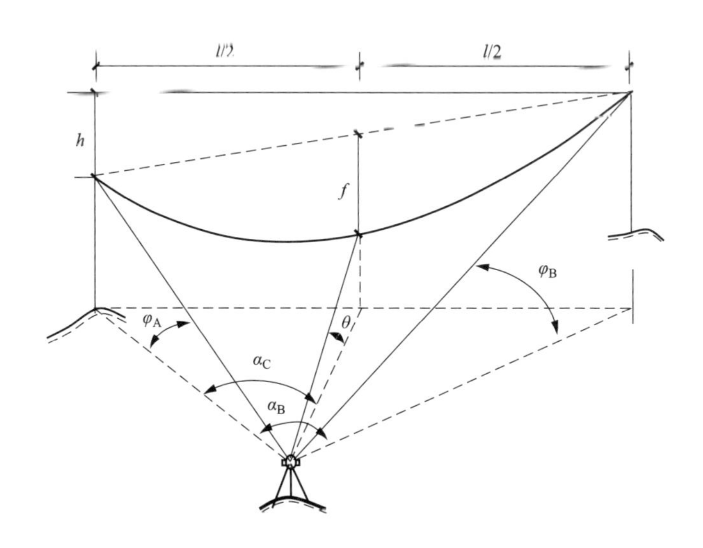

图 3-26　档侧中点角度法观测弧垂

检查弧垂的方法和步骤如下：

1）根据地形选择合适的观测点 N，按档侧角度法的要求测定 N 点。

2）仪器在 N 点分别测得两悬挂点 A、B 的高差 H_A、H_B，测得 NA_1 和 NB_1 的距离，测得$\angle A_1NB_1$ 的夹角 α_B，计算出 α_C。

3）经纬仪按顺时针旋转自 A 点转动 α_C 角后，望远镜上仰，测出导线的垂直角 θ。

4）把各项数据代入式（3-49）即可计算出弧垂的绝对值，即

$$f=\frac{1}{2}(\overline{A_1N}\tan\varphi_A+\overline{B_1N}\tan\varphi_B)-\overline{DN}\tan\theta \tag{3-49}$$

5）按检查时气温、检查档距及代表档距下的弧垂，计算出标准弧垂 f_x 与检查实测弧垂 f 相比较，求出弧垂误差 Δf，以衡量弧垂是否符合质量标准。

7. 弧垂调整量

弧垂检查方法上文已有述及，如弧垂误差 Δf 超出质量标准范围，则应进行调整。通常是在耐张段内增减一段线长以改变弧垂。也就是说，当实测弧垂大于标准弧垂时，要减一段线长；当实测弧垂小于标准弧垂时，要增一段线长。线长增减值可按下列各式计算。

（1）不考虑架空线弹性系数的影响。

1）孤立档（挂线点等高时）。计算式为

$$\Delta l=\frac{8}{3l}(f^2-f_x^2) \tag{3-50}$$

2）连续档中等观测档。计算式为

$$\Delta l=\frac{8l_{ab}^2\cos^2\varphi}{3l^4}(f^2-f_x^2)\sum l \tag{3-51}$$

根据以上各式计算出的 Δl，如为正值，则应减短线长；如为负值，则应增加线长。

【例 3-6】 某 220kV 线路在架线后，检查 9、10 号档间的弧垂，实测弧垂值为 13.1m，检查时温度为＋10℃，按当时气温计算出的标准弧垂值为 12.04m，发现实际弧垂值比标准弧垂值大了 1.06m。其中 $h=5$m，$l_{ab}=327$m，$l=420$m，$\sum l=3789$m。试求导线应减短多少米。

解：将上列数据代入式（3-51）计算调整线长 Δl，因导线挂线点高差较小，不计高差角的影响，则有

$$\Delta l=\frac{8l_{ab}^2}{3l^4}(f^2-f_x^2)\sum l=\frac{8\times 327^2}{3\times 420^4}(13.1^2-12.04^2)\times 3789=0.925(\text{m})$$

该值即应减短的长度。

（2）考虑弹性系数影响。

1）孤立档（架空线挂线点等高时）。计算式为

$$\Delta l=\frac{8}{3l}(f^2-f_x^2)-\frac{gl^2}{8E}\left(\frac{1}{f}-\frac{1}{f_x}\right) \tag{3-52}$$

式中 Δl——调整线长，m；

f——实测弧垂，m；

f_x——标准弧垂，m；

l——档距，m；

E——架空线的弹性系数，kg/mm^2；

g——架空线的比载，kg/mm^2 · m。

2）连续档中某弧垂观测档。计算式为

$$\Delta l = \frac{8l_{ab}^2\cos^2\varphi}{3l^4}(f^2 - f_x^2)\sum l - \frac{gl^2}{8E\cos\varphi}\left(\frac{1}{f} - \frac{1}{f_x}\right)\sum l \quad (3\text{-}53)$$

式中　Δl——调整线长，m；

f——观测档实测弧垂，m；

f_x——观测档标准弧垂，m；

l_{ab}——耐张段的代表档距，m；

$\sum l$——耐张段中计算总线长，m；

φ——观测档架空线挂线点的高差角（当挂线点高差 $h/l \leq 10\%$时，可不计算该角的影响）；

E——架空线的弹性系数，kg/mm^2；

g——架空线的比载，kg/mm^2 · m。

式（3-52）和式（3-53）各由两部分组成，前一项是调整弧垂的补偿架空线几何线长的差值；后一项是调整弧垂时，因架空线拉力变化而补偿的弹性伸长或收缩的线长差值。在一般情况下，前一项是主要部分，后一项可以省略。因此在孤立档和在连续档中某观测档的 Δl 计算，可不考虑架空线弹性系数的影响。

8. 弧垂测量注意事项及技巧

（1）建议选择光学经纬仪或免棱镜全站仪。

（2）采用弧垂观测仪观测时，选择好站位，最好用异长法。一般档距小、弧垂小的观测档，也宜采用异长法。异长法具有计算简单、直观、准确等优点，缺点是高处作业，观测也不够灵活。也可以两种方法并用、互补。

（3）仪器摆设的高度以人站直，望远镜与眼睛等高。也可人坐着，因为弧垂调节时间可能会较长。

（4）观测弧垂时仪器摆在导线悬挂点下方，如果是在直线档，则三相导线看平时只准一相，其他相以此为准，将相间看平即可。

（5）如果紧线区段较长，先调整远处，由远及近，最好是松下来至弧垂值。这需要观测人员的经验，松下来后再收紧近档时，可能又会导致远处升起，即要掌握升起的量。

（6）通信设备须通畅、及时。因此，观测人员须把握好指令的延时，相互配合协调好。

（7）各弧垂观测档调整好后，各观测人员利用仪器望远镜将前后非观测档及尽可能可观测到位的档都观察一下，看各分裂导线是否处于水平。如不水平则找出原因，再行调整。

（8）如确实档多又难以调平，例如连续上下山、部分档距又大的耐张段，则应赶线，或先不断线、不窝尾，待中间按弧垂值附好件之后再画印断线。

（9）画印断线的步骤要慎重。一般需待一段时间后，等分裂子导线走匀后才进行。

（10）上面所述各方法适用于悬挂点高差小于档距十分之一的范围，超过则另行计算。

（11）档外观测法一般宜用在档距小、弧垂小的观测档，且宜用渐近法。

（12）角度法所测取的参数需再次进行复核，以确保计算的精度。

（13）由于计算的繁琐，可选用 CASIO FX-3900P 以上的计算器。因可以编程记忆公式，输入变量即可得出角度，但需多次复核，以提高对编程准确性的置信度。也可用手机小程序计算。

3.6 跨越测量

跨越测量的目的意义为：检查架空线对跨越物有足够的安全电气距离。

一、概述

跨越测量的基本内容：对跨越物的垂距、斜距，对地、突出物的距离。

跨越测量的技术准备：规范、标准。

跨越测量的工具材料：仪器、塔尺、棱镜。

跨越测量的人员组织：测量工、辅助人员。

二、跨越测量的基本操作

（1）准确确定测点（如图 3-27 所示）。

（2）正确选择测站。

（3）进行参数测量。

（4）计算、判断。

$$D = Kl\cos^2\alpha \tag{3-54}$$

$$L = D(\tan Q_d - \tan Q_x) \tag{3-55}$$

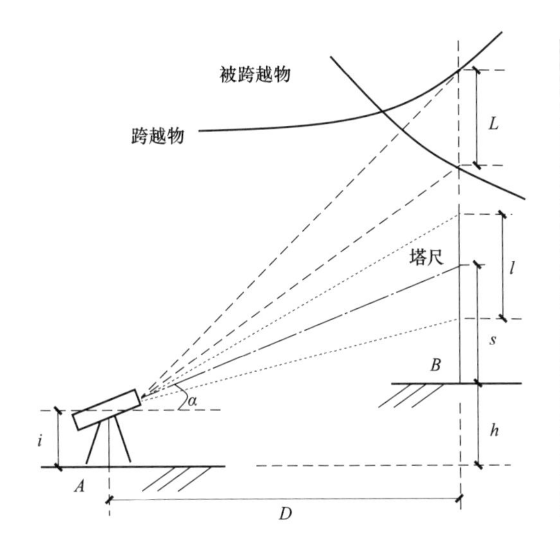

	测点一	测点二
仪高(i)		
上丝读数		
下丝读数		
角度α		
视距D(m)		
跨越物观测角Q_k		
被跨越物观测角Q_{bk}		
跨越净距L(m)		
判定		

图 3-27　跨越测量示意图

跨越测量注意事项及技巧如下：

（1）扶塔尺人员须注意与带电设备之间的安全距离。

（2）跨越点的位置选择准确。扶塔尺或棱镜人员先站在跨越点下方，测量人员先站在跨越物下看直跨越线行，指挥扶塔尺人员站立于线行；再行至被跨越物下面看直线行，指挥扶塔尺人员按跨越物线行走至被跨越物线行下面。至此，以判定跨越点较为准确的位置。

（3）摆镜位置选择在交叉角平均线的，应离跨越物 12 倍高以上的距离。

3.7　坐　标　测　量

坐标测量的目的意义为：按国家规划，土地的使用性质更为规范，对土地的开发结构用地更为标准，准用土地更为严格，往往会给出准确坐标，给建筑画出红线。相应地，输电基建在给定的坐标进行画地测量，测量人员须严格按给定的坐标进行坐标正算或坐标反算，以及实地放样测量。在塔基围堰及旧线改造也经常用到。

一、概述

坐标测量的基本内容：基础占地及施工范围的画定。

坐标测量的技术准备：坐标、距离、方位角。

坐标测量的工具材料：仪器及辅助工具、尺、桩。

坐标测量的人员组织：测量工、拉尺打桩人员、辅助人员。

二、坐标测量的基本操作

（1）在测站摆好仪器，观测方向。

（2）输入坐标。

（3）量取距离。

（4）订立桩位。

如图 3-28 所示，根据 2 个已知点 F、G 的坐标及实地点位，测设出给定坐标 N 点的平面位置。

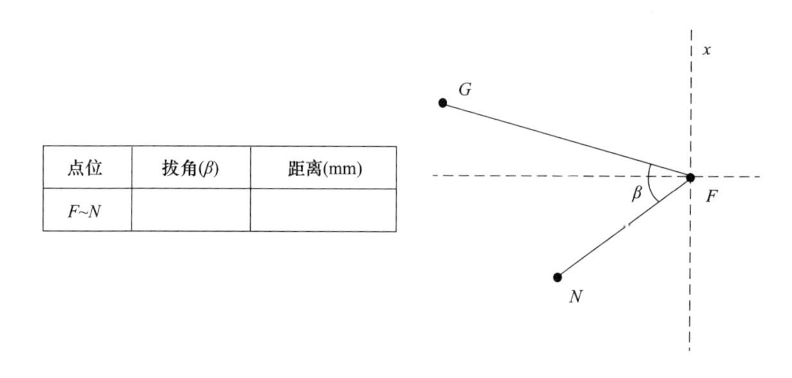

点位	拨角(β)	距离(mm)
F~N		

图 3-28　坐标测量图示

部分操作技巧如下：

（1）三脚架顶的对中整平技巧。在对中时提起身前两腿，以腿尖不要离地过高、能移动为原则。双目睁开，集中精力于一只眼睛，目光透过对中窗口，随着腿架的移动而动。移动时有意识地将架顶面趋向于水平状态，靠近中点轻放、踩实。熟练后可减少升降三腿架调整步骤，节约摆镜时间。在较松软的泥地，也可将偏高不多的腿踩深，以脚螺旋配平。

（2）仪器高度控制。在有可能较长时间同一动作进行测量观测时，比如弧垂观测，可调至适合坐姿的仪高，便于操作过程可以更加方便地展开复杂的计算，以及减少长时间站立的疲劳。

（3）在测量塔倾斜时，会经常难以选择到合适的摆镜地，则可以选择一高处，一镜多看几基。在以往的塔倾测量中，基础高差在误差范围内的，倾斜率都比较小，顺线行倾斜也极小。

（4）当选择了小档距为弧垂观测档时，往往以等长法或异长法来观测。在以弧垂板方式观测调整好一根子导线的弧垂之后，其他相分裂子导线及相与相之间，以此为参照调平。在调平过程中，在望远镜的视线内如感觉不好操作，可在塔身前一个面的塔材横格选一恰当位置，横挂一根细线（用补衣服的线即可），以对面直线塔的横担或地线支架为参照看平细线，通过线与导线弧垂点的切线，来看平分裂子导线及相间导线。

（5）在弧垂值预判时，可利用异长法对弧垂值进行初步的估算，以指导后续的施工。

3.8　常 用 测 量

1. 水平桩设定

水平桩钉立一般以具体地形而定，各腿别的水平可不在同一水平面，特别是对于高低腿的基础，但高差必须记录清楚，并标示于桩身上，以随时检查高差。水平桩的高度（以施工基面计算）必须大于基础露出＋地腿螺栓露出的高度＋加高主柱的高度，以便于控制地腿螺栓的位置及基础顶面高程。

水平桩一般钉立在对角线的方向上，如用于拉对角线时，必须加固以保证受力后偏移对角线方向，并随时检查方向。

如为高低腿基础，可用塔尺用仪器读取，也可用水管分级打水平，较为方便准确。

2. 补桩

（1）直线桩。直线桩丢失或被移动，用重转法及前视法，根据设计断面图中给定的档距杆位桩与邻近直线桩间的距离关系进行补桩。

（2）转角桩。①交线法；②交点法。

（3）不通视。转角塔位于山谷水田，中心桩与方向桩均无，要求在无 GPS 的情况下，利用全站仪打出转角塔的中心桩与方向桩。已知转角塔小号侧为 4 基，为连续上山，与转角塔均未能通视；大号侧为 2 基连续上山，可与转角塔范围通视。测量方法如图 3-29所示，具体方法可在授课时进行解说。

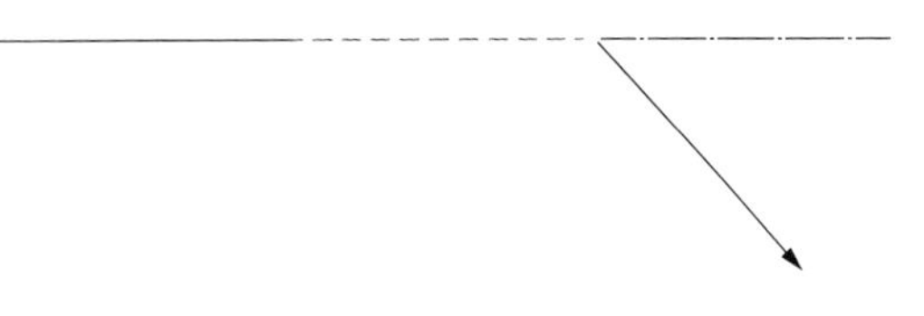

图 3-29　不通视补桩的一种方法

（4）中心与对角桩丢失。在基础开挖、平基施工时，有可能造成中心桩或对角桩被清除或误动丢失，需要及时进行补桩完成后续施工。这时，为保证原中心桩不偏离线行，应前后视塔位中心桩，以档距测定该中心桩，再纠正其他各对角桩。但如果明确其他三条对角桩准确的情况下，可以利用其他三条对角桩进行恢复中心桩及一条对角桩，如图 3-30所示，中心桩 O 及对角桩 A' 丢失。其补桩操作方法为：①将仪器摆在 B 桩，水平度盘归零，前视

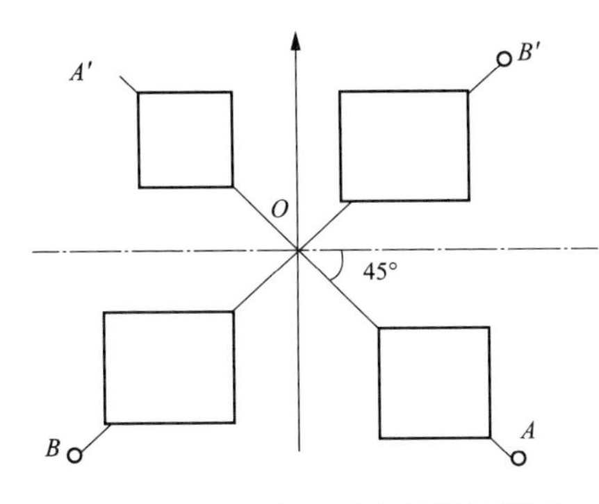

图 3-30　中心桩及对角桩补桩图示

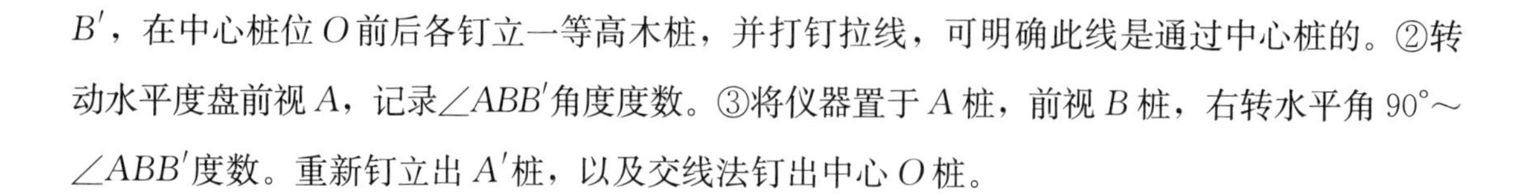

B'，在中心桩位 O 前后各钉立一等高木桩，并打钉拉线，可明确此线是通过中心桩的。②转动水平度盘前视 A，记录$\angle ABB'$角度度数。③将仪器置于 A 桩，前视 B 桩，右转水平角 $90°\sim\angle ABB'$度数。重新钉立出 A'桩，以及交线法钉出中心 O 桩。

3. 绕测

在不通视的延长定线测量中，一般使用基线法、二角法和矩形法。

4. 倾斜地面测量平距

（1）平量法。用钢尺由高到低分级分段测量，每次拉尺时目测钢卷尺水平，基钢尺距地面高度以不超过前尺手胸部为宜。并用垂球将钢卷尺的某整数刻画点投射到地面桩顶，垂球尖于桩顶面钉立钢钉标记。以此方法丈量各段，累计各次量距尺数，算出平距。该方法须保持各桩在两点间的直线上，拉尺尽量水平，为提高精度须用一测回。

（2）斜量法。用钢尺斜拉，用仪器或水管量出高差，通过计算得出平距。

5. 倾斜地面测量高差

（1）平量法。用水管由高到低分级分段测量，每级测量时须检查水管中是否有水泡，目光水平观察水管水面标注刻划记号，累计各级高差得出结果。

（2）斜量法。通过仪器测量出角度，用仪器或钢尺量出斜距或平距，通过计算得出高差。

6. 地面测定间隔棒安装位置

全站仪具有精确测距的优越性，利用渐近法依次测量出各间隔棒安装的位置。

其操作方法如下：

（1）在待安装间隔棒档外的导线正下方选择一恰当位置安置全站仪。

（2）复核档距，是否与设计相符，与间隔棒次档距累积是否相等。

（3）先测量出测站与挂点间（隔棒安装距离的起算点）的平距，记为 L_0。

（4）第 1 个间隔棒测距安装 L_1。$L_1=L_0+D_1$（次档距，第 1 个间隔棒与挂点间的距离）。间隔棒安装人员带上棱镜靠近 L_1 位置，测量出与测站间距离，计算出与 L_1 的差值。比如差值为 6.8m，则后退量取 6.8m 画印定点安装间隔棒；差值为－2.3m 时，则前进量取 2.3m 画印定点安装间隔棒。

（5）第2个间隔棒测距安装L_2，$L_2=L_0+D_1+D_2$。

（6）第3个间隔棒测距安装L_3，$L_3=L_0+D_1+D_2+D_3$。

（7）依此类推，计算出所有间隔棒测距。

（8）也可以用全站仪的对边功能进行测定。

7. 装配式架线

利用全站仪对边功能测量出两挂点间平距、高差等参数，用线长公式按标准弧垂计算出线长，减出金具串长度，进行断线压接、挂线。

8. 地面划印

在紧线施工时，由于客观原因或操作的便利，紧线滑车可能挂于离地面不高的塔腿位置，进行弧垂观测，在弧垂调整好后进行断线压接挂线，该操作为地面划印。其操作方法为：①先计算出该档标准弧垂时的线长。②测量出该档紧线滑车与对面塔放线滑车高差，测量出此刻该档的弧垂值，计算出目前的线长。③目前线长减去标准弧垂线长及金具串长度，之后进行划印断线压接，连上绝缘子串及金具挂线。计算式为

$$L_{xc}=\left(1+\frac{8}{3}\frac{f_{db}^2}{l_{db}}\right)\sum\frac{l_i}{\cos\alpha_i} \tag{3-56}$$

$$L_{xc}=\frac{l}{\cos\alpha}+\frac{8}{3}\frac{f^2}{l}\cos^3\alpha=\frac{8f^2l^2}{3\sqrt{l^2+H^2}^3}+\sqrt{l^2+H^2} \tag{3-57}$$

弧垂档外观测法为：利用公式，或用渐进法。因所需参数较多，容易产生误差，所以较少采用。

9. 旧线行改造

已知塔位坐标，按要求定位新塔基。根据坐标正算算出拔角及距离，放样出新塔位。

10. 弧垂观测

基于北斗卫星导航系统（BDS）测量，导地线紧线时，线体位于空间坐标点位的变化，进行无线数据传输监测进行弧垂调整。导地线展放好后，在进行弧垂观测前，在观测档悬挂一套“全球卫星定位”的空间点位采集信号仪，在动态的变化过程中进行实时观测。与建模的设计弧垂值对比，进行差分计算，从而进行松、收线长，与设计弧垂值相同，达到调整弧垂的效果。

11. 围堰

例题：已知现场两点（如图 3-31 所示）为 M、N，放样出 A 点。已知点坐标为：M（14.265，87.375），N（20.659，76.329），A（29.476，85.208）。

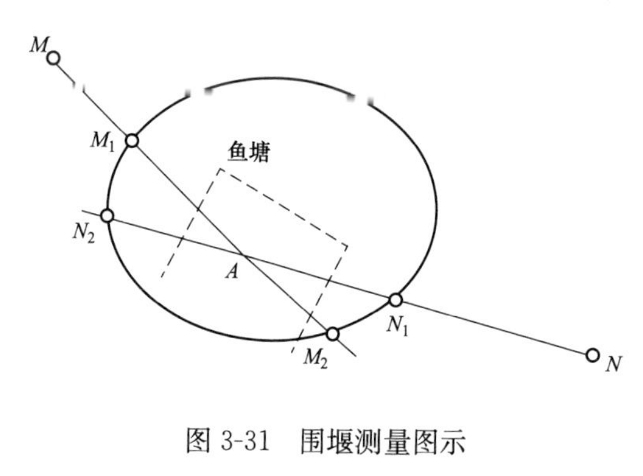

图 3-31　围堰测量图示

解：先用极坐标放样，定出 A 点，操作方法为：在 M 点架仪后视 N 点，先计算出 MN、MA 方位角，再算出 MN 点的拨角 β，即

$$\begin{aligned}\beta &= \alpha_{MA} - \alpha_{MN} \\ &= 351°53'31'' - 300°03'52'' \quad (3\text{-}58) \\ &= 51°49'39''\end{aligned}$$

拔角量边 MA 距离用坐标反算得出。在方向线上的塘基边钉立 M_1、M_2、N_1、N_2 桩，并记录 AN_1、AM_1 的距离。之后按需要的施工范围用坐标正算方法，计算出范围点坐标进行围堰放样。

3.9　新工艺开发

1. RTK 技术下的一种无人机测量方法介绍

RTK 测量技术的原理为在基准站上安装接收机，对可见 GPS 卫星进行观测，并将所观测到的数据经无线传输方式传送至地面的观测站。观测站在接收 GPS 卫星数据的同时，还通过无线传输设备实时获取基准站的观测数据。基于相对定位原理对 GPS 卫星和基准站观测数据进行计算，得到待观测物的三维坐标及对应的误差。经实践表明，RTK 技术的测量误差仅为 1～2cm。

无人机测量的原理为基于无人机平台携带激光测距仪对特定物体进行实时测距。采用激光测距仪可用于监控或测量特点物体距离或长度，还可以提供长距离的定位位置。激光测距仪在距离特定物体 1km 以内检测距离的测量精度高达可达 1～2mm。被测物体甚至可能处于运动中。此外，还可以在低反射率的自然表面上进行测量。

该测量技术的应用包括：将坐标输入到无人机上，进行定线飞行，可进行线路复测工作、间隔棒安装测距工作；将无人机定点后采集坐标，可进行位置检查，如基础尺寸、高差检查等。

2. RTK 免独立基站测量介绍

目前的 RTK 测量的主要部件由基站、流动站构成，特别是基站的电台信道的操作及维护，给测量的操作带来不便，繁琐的连线给操作及维护带来更多的制约。因此，现阶段有大量的测绘需求，构建一个更大的、共享的测绘系统、基站是发展所需，只单人手持流动站即可完成大量的测量工作，也可应用到输电线路测量当中。主题方案如下：

（1）采用无线网络通信，因野外作业，只要手机有信号的地方，都可以实现网络通信，传输数据。

（2）将接收机连上无线网络，手机热点也可。

（3）建立工地，也可先将坐标批量导入手簿。

（4）连接接收机，设置基站、流动站、天线。

（5）开展测量工作。

第4章

全站仪与RTK的使用操作

4.1 全站仪常用程序操作简介

全站仪又称全站型电子速测仪，由于其精准度高、测距长、操作直观、轻成本等优点，而一直被测量人员青睐。它主要由光电测距仪、电子微处理机、数据终端等组成，如图4-1所示。这种仪器既可测距、又能测角，而且能自动记录测量数据，具有程序控制和数据存储，可进行数据的自动转换，计算出测站点之间的高差和坐标增量，并通过仪器上的液晶显示器显示出测算结果。

图4-1 全站仪

全站仪具有与经纬仪类似的结构特征，测角的方法和步骤与经纬仪基本相似。但是由于生产厂家的不同，外部结构和应用软件也有所差异，其使用操作也不完全一样。因此，本部分以索佳SET250RX系列、拓普康TOPCON GTS-312全站仪的操作程序为例，来介绍其测量的基本常用功能。

1. 索佳SET250RX系列全站仪常用功能操作程序

（1）悬高测量（交叉跨越）。首先将棱镜架设在待测物体的正下方量取棱镜高，然后将仪器整平对中量取仪器高开机，在测量模式按FUN（翻页）键，选取“菜单”进入然后选取“坐标测量”进入；选取“测量”进入按F4（停止）键→按F3（仪器高）键，输入量取的仪器高和棱镜高→按F4（OK）键→按两下ESC（退出）键→选取“悬高测量”进入；此时先照准棱镜并按F4（观测）键对棱镜进行距离测量，然后按F2（悬高）键转动仪器对准待测物体的正上方点，仪器屏幕显示的高度即为待测物体的总高。

（2）对边测量（装配式架线）。首先将仪器整平对中后开机，在测量模式按FUN（翻页）键，选取“菜单”进入，然后选取“对边测量”进入，将仪器照准第一测点上的棱镜按F4（观测）键测量，显示测量结果后按F4（停止）键停止测量。将仪器对准下一测点的棱镜按F1（对边）键进行测量，测量结果为第一点与第二点间的斜距、平距、高差。用同样的方法可以测量多个测点与起始点间的斜距、平距、高差。应注意：如需改变起始点，则按F2（移动）键对准新的起点按F4（观测）键，后续方法同上。

（3）坐标测量（坐标采集）。首先将仪器整平对中后开机，在测量模式按FUN（翻页）键，选取“菜单”进入；然后选取“坐标测量”进入，选取“测站定向”直接输入或调取测站点坐标；然后按F3（坐标）键直接输入或调取后视点坐标，再按F4（OK）键，对准后视点后按F4（YES）键，选取“测量”进入已开始坐标测量；按F4（停止）键停止坐标测量，精确照准目标后按F1（测存）键或F2（观测）键测量，重复此方法可以完成全部目标点测量。应注意，按F1（测存）键测量将自动保存所测坐标，按F2（观测）键测量需手动保存所测坐标。

（4）放样测量（坐标放样）。首先将仪器整平对中后开机，在测量模式按FUN（翻页）键，选取“菜单”进入，然后选取“放样测量”进入，选取“测站定向”输入或调取测站点坐标。然后按F3（坐标）键输入或调取后视点坐标，再按F4（OK）键，对准后视点后按F4（YES）键，选取“放样数据”进入，直接输入或调取放样点坐标。然后按F4（OK）键，再按F3（←→）键，转动仪器使屏幕上的“水平角差”值为“000，0”确定出放样方向，然后在该方向上设立棱镜，使棱镜对准仪器后按F1（观测）键。根据显示距离偏差值前后移动棱镜并按F1（观测）键，致使放样平距为“0”，即为放样点位。放下一点按ESC（退出）键，直接输入或调取放样点坐标，按F4（OK）键，后续方法同上。重复此方法可以完成全部放样点坐标测量。

2. 拓普康TOPCON GTS-312全站仪-PROGRAM常用功能操作程序

（1）悬高测量（REM）。

1）输入棱镜高。

a）按MENU-P1↓-F1（程序）-F1（悬高）-F1（输入棱镜高），如：1.3m。

b）照准棱镜，按测量（F1），显示仪器至棱镜间的平距 HD-SET（设置）。

c）照准高处的目标点，仪器显示的 VD 即目标点的高度。

2）不输入棱镜高。

a）按 MENU-P1↓—F1（程序）—F1（悬高测量）—F2（不输入棱镜高）。

b）照准棱镜，按测量（F1）键，显示仪器至棱镜间的平距 HD-SET（设置）。

c）照准地面点 G，按 SET（设置）。

d）照准高处的目标点，仪器显示的 VD 即目标点的高度。

（2）对边测量（MLM）。对边测量功能，即测量两个目标棱镜之间的水平距离（d_{HD}）、斜距（d_{SD}）、高差（d_{VD}）和水平角（HR）。也可以调用坐标数据文件进行计算。对边测量 MLM 有两个功能，即：①MLM-1（*A*-*B*，*A*-*C*）：测量 *A*-*B*，*A*-*C*，*A*-*D* 等；②MLM-2（*A*-*B*，*B*-*C*）：测量 *A*-*B*，*B*-*C*，*C*-*D*。

以 MLM-1（*A*-*B*，*A*-*C*）为例，其按键顺序如下：

1）按 MENU-P1↓—程序（F1）—对边测量（F2）—不使用文件（F2）—F2（不使用格网因子）或 F1（使用格网因子）—MLM-1（*A*-*B*，*A*-*C*）（F1）。

2）照准 *A* 点的棱镜，按测量（F1），显示仪器至 *A* 点的平距 HD-SET（设置）。

3）照准 *B* 点的棱镜，按测量（F1），显示 *A* 与 *B* 点间的平距 d_{HD} 和高差 d_{VD}。

4）照准 *C* 点的棱镜，按测量（F1），显示 *A* 与 *C* 点间的平距 d_{HD} 和高差 d_{VD}。按"◢"，可显示斜距。

（3）坐标测量（数据采集）。

1）ANG 键，进入测角模式，瞄准后视点 *A*。

2）HSET，输入测站 *O* 至后视点 *A* 的坐标方位角。

3）按 MENU 键，进入坐标测量模式。

4）OCC，分别在 N、E、Z 输入测站坐标（X_0，Y_0，H_0）。

5）INS. HT：输入仪器高。

6）R. HT：输入 *B* 点处的棱镜高。

7）瞄准待测量点 *B*，按 MEAS，得 *B* 点的（X_B，Y_B，H_B）。

（4）点的坐标放样（坐标放样）。

1）按 MENU 键进入主菜单测量模式。

2）按 LAYOUT 键进入放样程序，再按 SKP 键略过选择文件。

3）按 OOC. PT（F1），再按 N、E、Z，输入测站 *O* 点坐标（X_0，Y_0，H_0），并在

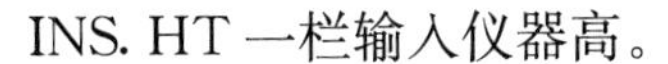

INS. HT 一栏输入仪器高。

4）按 BACKSIGHT（F2），再按 NE/AZ，输入后视点 A 的坐标（X_A，Y_A）；若不知 A 点坐标而已知坐标方位角，则可再按 AZ，在 HR 项输入坐标方位角的值。瞄准 A 点，按 YES。

5）按 LAYOUT（F3），再按 NEZ 输入待放样点 B 的坐标（X_B，Y_B，H_B）及测杆单棱镜的镜高后，按 ANGLE（F1）。使用水平制动和水平微动螺旋，使显示的 d_{HR} 等于 0，即找到了 OB 方向，指挥持测杆单棱镜者移动位置，使棱镜位于 OB 方向上。

6）按 DIST 进行测量，根据显示的 d_{HD} 来指挥持棱镜者沿 OB 方向移动。若 d_{HD} 为正，则向 0 点方向移动；反之若 d_{HD} 为负，则向远处移动；直至 $d_{HD}=0$ 时，立棱镜点即为 B 点的平面位置。其所显示的 d_Z 值即为立棱镜点处的填挖高度，正为挖，负为填。

7）按 NEXT 键反复 5）、6）两步，放样下一个点 C。

4.2　全球卫星定位系统（GPS）简介

GPS 作为现代化测量中的测绘仪器，已经非常普及。GPS 在测量中的优越性不言而喻，为了能让 GPS 的优越性能在使用中充分发挥出来，以及使用人员能灵活应用 GPS，下面简单介绍相关基础知识。

1. GPS 的概念及组成

GPS 即全球定位系统（Global Positioning System），是由美国建立的一个卫星导航定位系统。利用该系统，用户可以在全球范围内实现全天候、连续、实时的三维导航定位和测速；另外，利用该系统，用户还能够进行高精度的时间传递和高精度的精密定位。

（1）空间部分。GPS 的空间部分是由 24 颗 GPS 工作卫星所组成，这些 GPS 工作卫星共同组成了 GPS 卫星星座，其中 21 颗为可用于导航的卫星，3 颗为活动的备用卫星。这 24 颗卫星分布在 6 个倾角为 55°的轨道上绕地球运行。卫星的运行周期约为 12 恒星时。每颗 GPS 工作卫星都发出用于导航定位的信号，GPS 用户正是利用这些信号来进行工作的。

（2）控制部分。GPS 的控制部分由分布在全球的由若干个跟踪站所组成的监控系统所构成。根据其作用的不同，这些跟踪站又被分为主控站、监控站和注入站。主控站有一个，位于美国科罗拉多州（Colorado）的法尔孔（Falcon）空军基地，它的作用是根据各监控站对 GPS 的观测数据，计算出卫星的星历和卫星钟的改正参数等，并将这些数据通过注入站注入卫星中去；同时，它还对卫星进行控制，向卫星发布指令，当工作卫星出现故障时，调度备用卫星，替代失效的工作卫星工作；另外，主控站也具有监控站的功能。监控站有五个，除了主控站外，其他四个分别位于夏威夷（Hawaii）、阿松森群岛（Ascencion）、迭哥伽西亚（Diego Garcia）和卡瓦加兰（Kwajalein）。监控站的作用是接收卫星信号，监测卫星的工作状态。注入站有三个，分别位于阿松森群岛（Ascencion）、迭哥伽西亚（Diego Garcia）和卡瓦加兰（Kwajalein），作用是将主控站计算出的卫星星历和卫星钟的改正数等注入卫星中去。

（3）用户部分。GPS 的用户部分由 GPS 接收机、数据处理软件及相应的用户设备如计算机气象仪器等所组成。它的作用是接收 GPS 卫星所发出的信号，利用这些信号进行导航定位等工作。这三个部分共同组成了一个完整的 GPS 系统。

2. GPS 定位原理

GPS 定位的基本原理是根据高速运动的卫星瞬间位置作为已知的起算数据，采用空间距离后方交会的方法，确定待测点的位置。

目前 GPS 系统提供的定位精度是优于 10m，而为得到更高的定位精度，我们通常采用差分 GPS 技术。即将一台 GPS 接收机安置在基准站上进行观测。根据基准站已知精密坐标，计算出基准站到卫星的距离改正数，并由基准站实时将这一数据发送出去。用户接收机在进行 GPS 观测的同时，也接收到基准站发出的改正数，并对其定位结果进行改正，从而提高定位精度。差分 GPS 分为两大类：伪距差分和载波相位差分。

（1）伪距差分原理。这是应用最广的一种差分。在基准站上，观测所有卫星，根据基准站已知坐标和各卫星的坐标，求出每颗卫星每一时刻到基准站的真实距离。再与测得的伪距比较，得出伪距改正数，将其传输至用户接收机，提高定位精度。这种差分，能得到米级定位精度，如沿海广泛使用的“信标差分”。

（2）载波相位差分原理。载波相位差分技术又称 RTK（Real Time Kinematic）技术，是实时处理两个测站载波相位观测量的差分方法。即将基准站采集的载波相位发给用户接收机，进行求差解算坐标。载波相位差分可使定位精度达到厘米级，大量应用于动态需要高精度位置的领域。

4.3 北斗卫星导航系统（BDS）简介

北斗卫星导航系统（BeiDou Navigation Satellite System，BDS）是我国自行研制的全球

卫星导航系统。是继美国全球定位系统（GPS）、俄罗斯格洛纳斯卫星导航系统（GLO-NASS）之后第三个成熟的卫星导航系统。北斗卫星导航系统和美国 GPS、俄罗斯 GLO-NASS、欧盟 GALILEO，都是联合国卫星导航委员会已认定的供应商。

北斗卫星导航系统由空间段、地面段和用户段三部分组成，可在全球范围内全天候、实时为各类用户提供高精度、高可靠定位、导航、授时服务，并具短报文通信能力，已经具备区域导航、定位和授时能力。北斗卫星导航系统空间段由 35 颗卫星组成，包括 5 颗静止轨道卫星、27 颗中地球轨道卫星、3 颗倾斜同步轨道卫星。2012 年覆盖亚太地区，2020 年覆盖全球的北斗卫星导航系统。

北斗卫星导航系统的建设与发展，以应用推广和产业发展为根本目标，不仅要建成系统，更要用好系统，强调质量、安全、应用、效益，遵循以下建设原则：

（1）开放性。北斗卫星导航系统的建设、发展和应用将对全世界开放，为全球用户提供高质量的免费服务，积极与世界各国开展广泛而深入的交流与合作，促进各卫星导航系统间的兼容与交互操作，推动卫星导航技术与产业的发展。

（2）自主性。我国自主建设和运行北斗卫星导航系统，该系统可独立为全球用户提供服务。

1. 北斗卫星导航系统定位原理

35 颗卫星在离地面两万多千米的高空上，以固定的周期环绕地球运行，使得在任意时刻，地面上的任意一点都可以同时观测到 4 颗以上的卫星。

由于卫星的位置精确可知，在接收机对卫星观测中，我们可得到卫星到接收机的距离，利用三维坐标中的距离公式，利用 3 颗卫星就可以组成 3 个方程式，解出观测点的位置（X，Y，Z）。考虑到卫星的时钟与接收机时钟之间的误差，实际上有 4 个未知数，即 X、Y、Z 和钟差，因而需要引入第 4 颗卫星，形成 4 个方程式进行求解，从而得到观测点的经纬度和高程。接收机往往可以锁住 4 颗以上的卫星，这时接收机可按卫星的星座分布分成若干组，每组 4 颗，然后通过算法挑选出误差最小的一组用作定位，从而提高精度。

2. 北斗卫星导航系统导航原理

跟踪卫星的轨道位置和系统时间。位于地面的主控站与其运控站一起，至少每天一次对每颗卫星注入校正数据。注入数据包括星座中每颗卫星的轨道位置测定和星上时钟的校正。这些校正数据是在复杂模型的基础上算出的，可在几个星期内保持有效。

卫星导航系统时间是由每颗卫星上原子钟的铯和铷原子频标保持的。这些星钟一般会精确到世界协调时（UTC）的几纳秒以内，UTC是由美国海军观象台的“主钟”保持的，每台主钟的稳定性为若干个 10^{-13}s。卫星早期采用两部铯频标和两部铷频标，后来逐步改变为更多地采用铷频标。通常在任一指定时间内，每颗卫星上只有一台频标在工作。

卫星导航原理为：卫星至用户间的距离测量是基于卫星信号的发射时间与到达接收机的时间之差，称为伪距。为了计算用户的三维位置和接收机时钟偏差，伪距测量要求至少接收来自4颗卫星的信号。

4.4 全站仪与RTK的使用对比

目前全站仪与RTK为主流测量仪器，现对两者的使用操作优缺点进行对比。

1. 全站仪的优点

因都是在可视范围内进行测量操作，感觉上直观实在，置信度较高。目前，制造技术及内置程序的提高，多有免棱镜功能，如悬高、对边测量，可非接触式、非到位式单人完成。操作的便利、准确，给测量工作提供了很大的便利，受外界电磁干扰、影响小。

（1）有免棱镜功能。该功能对全站仪的特有悬高、对边等测量提供了便利。

（2）数据处理的快速与准确性。全站仪自身带有数据处理系统，可以快速而准确地对空间数据进行处理，计算出放样的方位角与该点到测量站点的距离。相对于RTK测量精度较高。

（3）定方位角的快捷性。

（4）全站仪能够根据输入的坐标值计算出放样点的方位角，并能显示目前镜头方向与计算机方位的差值。只要将这个差值调为0，就定下了放样点的方向，然后就可进行测距定位。不需要卫星信号，因此不受室内、室外、树下、高楼旁等因素影响。

（5）所有的计算都是全站仪自动完成。因此放线过程中不会受到参与者个人的主观影响，且相比于RTK，常规全站仪价格更便宜。

2. 全站仪的缺点

（1）需要通视。如果两点之间通视不好或者无法通视，则仪器就无法后视，也就不能进行测量。受通视介质影响，成像模糊等因素会干涉到测量成果。

（2）测程短。虽然理论上全站仪在三棱镜的支持下可做到 3km 左右的测程，但由于其望远镜放大倍率和必须通视因素的影响，一般都用来做 1km 以内的测量。

3. RTK 的优点

（1）作业效率高。在一般的地形地势下，高质量的 RTK 设站一次即可测完 5km 半径的测区，大大减少了传统测量所需的控制点数量和测量仪器的“搬站”次数，仅需一人操作，每个放样点只需要停留 1～2s，就可以完成作业。在公路路线测量中，每小组（3～4 人）每天可完成中线测量 6～8km，在中线放样的同时完成中桩抄平工作。若用其进行地形测量，每小组每天可以完成 0.8～1.5km^2 的地形图测绘，其精度和效率是常规测量所无法比拟的。

（2）定位精度高，没有误差积累。只要满足 RTK 的基本工作条件，在一定的作业半径范围内（一般为 5km），RTK 的平面精度和高程精度都能达到厘米级，且不存在误差积累。

（3）全天候作业。RTK 技术不要求两点间满足光学通视，只需要满足“电磁波通视和对空通视的要求”。因此与传统测量相比，RTK 技术作业受限因素少，几乎可以全天候作业。

（4）RTK 作业自动化、集成化程度高。RTK 可胜任各种测绘作业。流动站配备高效手持操作手簿，内置专业软件可自动实现多种测绘功能，减少人为误差，保证作业精度。

4. RTK 的缺点

虽然 RTK 技术相比常规仪器有很多优点，但经过多年的工程实践证明，RTK 技术存在以下几方面不足：

（1）受卫星状况限制。RTK 系统的总体设计方案是在 1973 年完成的，受当时的技术限制，总体设计方案自身存在很多不足。随着时间的推移和用户要求的日益提高，RTK 卫星的空间组成和卫星信号强度都不能满足当前的需要，当卫星系统位置对美国是最佳的时候，世界上有些国家在某一确定的时间段仍然不能很好地被卫星所覆盖。例如在中、低纬度地区每天总有两次盲区，每次 20～30min，盲区时卫星几何图形结构强度低，RTK 测量很难得到固定解。同时由于信号强度较弱，对空遮挡比较严重的地方，RTK 无法正常应用。

（2）受电离层影响。中午受电离层干扰大，共用卫星数少，因而初始化时间长甚至不能初始化，也就无法进行测量。根据实际经验，每天 12～13 点，RTK 测量很难得到固定解。

（3）受数据链电台传输距离影响。数据链电台信号在传输过程中易受外界环境影响，如高大山体、建筑物和各种高频信号源的干扰，在传输过程中衰减严重，严重影响外业精度和作业半径。另外，当RTK作业半径超过一定距离时，测量结果误差超限，所以RTK的实际作业有效半径比其标称半径要小，工程实践和专门研究都证明了这一点。

（4）受对空通视环境影响。在山区、林区、城镇密楼区等地作业时，RTK卫星信号被阻挡机会较多，信号强度低，卫星空间结构差，容易造成失锁，重新初始化困难甚至无法完成初始化，影响正常作业。

（5）受高程异常问题影响。RTK作业模式要求高程的转换必须精确，但我国现有的高程异常分布图在有些地区（尤其是山区），存在较大误差，在有些地区还是空白。这就使得将RTK大地高程转换至海拔高程的工作变得比较困难，精度也不均匀，影响RTK的高程测量精度。

（6）不能达到100％的可靠度。RTK确定整周模糊度的可靠性为95％～99％，在稳定性方面不及全站仪。这是由于RTK较容易受卫星状况、天气状况、数据链传输状况影响。

（7）流动站定位的准确性不易把控，对中杆的不垂直将直接影响到测点的精度。对中的偶然误差在一定范围内始终存在，努力的结果只能是尽量控制减少，但无法避免。对信号传输也无法直观把控精度。

4.5 RTK测量注意事项

1. 基站要求

基站的点位选择必须严格。因为参考站接收机每次卫星信号失锁将会影响网络内所有流动站的正常工作。

（1）周围应视野开阔，截止高度角应超过15°，周围无信号反射物（大面积水域、大型建筑物等），以减少多路径干扰。并要尽量避开交通要道，以及避免过往行人的干扰。

（2）基站应尽量设置于相对制高点上，以方便播发差分改正信号。

（3）基站要远离微波塔、通信塔等大型电磁发射源200m外，要远离高压输电线路、通信线路50m外。

（4）RTK作业期间，参考站不允许移动或关机又重新启动，若重启动后必须重新校正。

（5）基站连接必须正确，注意虚电池的正负极（红正黑负）。

（6）基站主机开机后，需等到差分信号正常发射方可离开参考站。S82表现为DL指示灯每5s快闪2次；S86表现为RX指示灯每5s快闪2次。

2. 流动站要求

（1）在 RTK 作业前，应首先检查仪器内存容量能否满足工作需要，并备足电源。

（2）在打开工程之星后，首先要确保手簿与主机蓝牙连通。

（3）为了保证 RTK 的高精度，最好有三个以上平面坐标已知点进行校正，而且点精度要均等，并要均匀分布于测区周围，要利用坐标转换中误差对转换参数的精度进行评定。如果利用两点校正，一定要注意尺度比是否接近于 1。

（4）由于流动站一般采用缺省 2m 流动杆作业，当高度不同时，应修正此值。

（5）在信号受影响的点位，为提高效率，可将仪器移到开阔处或升高天线，待数据链锁定达到固定后，再小心无倾斜地移回待定点或放低天线，一般可以初始化成功。

4.6　RTK 部分技术参考

RTK 作业可在不通视的情况下进行全天候测量，在输电线路的施工及运维中得到广泛应用。但在有些新手的使用操作过程中也发生了一些错误，造成现场施工精度超标及错误，主要体现在不够直观、逻辑思维集中、理论性较强、置信程度模糊，主要是掌握不精、应变不足。所以对 RTK 的熟练操作尤为重要，全站仪应为可视测量的主流。目前市场主要有美国天宝、徕卡、拓普康、中翰集团，以及我国的中海达、中天等品牌，下面进行简单比较。

1. 天宝（SCS900 型单星 24 通道）

部分公司目前还在使用 SCS900 型单星 24 通道（2002 年推出）的天宝，天宝的质量较好，精度高、价格高，现场使用接收的卫星信号多（有时 9 个卫星也固定不了，达不到取点放样的使用精度），电台信号发射及接收距离较短，使用的操作效果欠佳。

2. 天宝（SCS882 型双星 220 通道）

2009 年 11 月新推出，220 通道接收速度在近阶段可以说是较快的，价格与原 SCS900 型差不多。GPS 天宝是主流，适合复杂场景使用。配件较贵，购置较难。

3. 徕卡（1250 型单星 72 通道）

需进工地效正，操作较为复杂。“徕卡”全站仪是目前的主流。

4. 中海达 （V8 双星）

中海达的价格低，小问题多，维修也较多，但维护简易。卫星信号接收好（一般 4 个能达到固定），蓝牙传输距离远，电台信号强，适合较远距离使用。

作为一个测量人员，必须认真负责，在野外复杂的施工环境中应始终保持忙而不乱、紧张有序、一丝不苟，应保持清醒的思维，做到每个数据、每条桩都能正确交付使用，正确指导现场施工。

现阶段，线行树木基本上不准砍伐，基面基本不平基，对输电线路测量提出了更高要求。在不通视的情况下，一般都借助 RTK 来完成。因此，熟练掌握 RTK 操作日益显出了重要性和必要性，希望本部分能对操作人员有所帮助。操作方法步骤会随着科技的进步而进步，与时俱进，越来越简单化，但基本道理相通。本文涉及的操作仅为测量操作人员或技术人员提供参考。

附录A　部分实用表格

常用记录表格见表 A-1～表 A-3。

表 A-1　　**全站仪复测记录**

测站	仪高	测点	棱镜高	距离	高差	竖直角	水平角	草图/说明

表 A-2　　**RTK 复测记录**

基站	基站高	流动站	流动站高	距离	高差	方位角	备注

表 A-3 **路径复测记录表（线记 1）**

桩号/塔号	杆塔型式	档距（m）设计值	档距（m）实测值	档距（m）偏差值	线路转角 设计值	线路转角 实测值	塔位高程（m）	桩位移（m）方向	桩位移（m）位移值	被跨越物（或地形凸起点）名称	被跨越物 高程（m）	与邻杆塔最近距离 杆塔号	与邻杆塔最近距离 距离（m）	备注
D1	JG112-33				0°0′	0°0′	439.2							
		772	770	0										
D2	ZB162-60						478.4							
		137	137	0										
D4	JG132-33				左 56°09′	左 56°14′19″	521.5							
		308	308	0										
D5	ZB33-33						557.5							
		280	280	0										
D6	ZB121-42						486.4							
		439	439	0										
D7	ZB162-54						391.4							
		778	778	0										
D8	ZB32-36						396.6							
		598	598	0										
D10	ZB121-54						541.6							
		83	83	0										
D11	ZB162-42						565.7							
		575	575	0										
D12	ZB162-42						428.9							
		810	810	0						10 kV	343.5	D13	105	
D13	ZB34-60						328.2							
		512	512	0										
D14	ZB32-42						360							
		240	240	0										
D15	JG122-27				右 39°23′	右 39°24′22″	374.3							
		622	622	0										

监理：　　　　专职质检员：　　　　施工负责人：　　　　检查人：

（1）基本计算公式：

$$X_{切距}=\frac{L}{2}\sqrt{\frac{a}{h}}$$

$$f_{观测档弧垂值}=f_0\left(\frac{L}{L_0}\right)^2$$

$$L_{代}=\sqrt{\frac{L_1^3+L_2^3+L_3^3+\cdots}{L_1+L_2+L_3+\cdots}}$$

$$s=\sqrt{p(p-a)(p-b)(p-c)}$$

$$p=\frac{1}{2}(a+b+c)$$

$$\frac{a}{\sin A}=\frac{b}{\sin B}=\frac{c}{\sin C}=2R$$

$$a^2=b^2+c^2-2bc\cos A$$

（2）档外观测角度渐进法计算公式：

$$\sqrt{a}+\sqrt{b}=2\sqrt{f}$$

$$\Rightarrow\sqrt{L_{近}(\tan_{近}-\tan_{切})}+\sqrt{L_{远}(\tan_{远}-\tan_{切})}=2\sqrt{f}$$

（3）坐标反算计算公式：

已知两点 A、B 坐标，计算出线段方位角及距离，则有

$$方位角度\ \alpha_{AB}=\tan^{-1}\left(\frac{y_B-y_A}{x_B-x_A}\right)$$

$$两点间距离\ D_{AB}=\sqrt{(x_B-x_A)^2+(y_B-y_A)^2}$$

附录C 理论练习题

C.1 单选题

1. 地面点到高程基准面的垂直距离称为该点的（　　）。

A. 相对高程　　B. 绝对高程　　C. 高差

答案：B

2. 地面点的空间位置是用（　　）来表示的。

A. 地理坐标　　B. 平面直角坐标　　C. 坐标和高程

答案：C

3. 绝对高程的起算面是（　　）。

A. 水平面　　B. 大地水准面　　C. 假定水准面

答案：B

4. 已知直线 AB 的坐标方位角为 186°，则直线 BA 的坐标方位角为（　　）。

A. 96°　　B. 276°　　C. 6°

答案：C

5. 在距离丈量中衡量精度的方法是用（　　）。

A. 往返较差　　B. 相对误差　　C. 闭合差

答案：B

6. 坐标方位角是以（　　）为标准方向，顺时针转到测线的夹角。

A. 真子午线方向　　B. 磁子午线方向　　C. 坐标纵轴方向

答案：C

7. 距离丈量的结果是求得两点间的（　　）。

A. 斜线距离　　B. 水平距离　　C. 折线距离

答案：B

8. 在水准测量中转点的作用是传递（　　）。

A. 方向　　B. 高程　　C. 距离

答案：B

9. 产生视差的原因是（　　）。

A. 仪器校正不完善　　　　　　　　B. 物像与十字丝面未重合

C. 十字丝分划板位置不正确

答案：B

10. 经纬仪安置时，整平的目的是使仪器的（　　）。

A. 竖轴位于铅垂位置，水平度盘水平　　B. 水准管气泡居中

C. 竖盘指标处于正确位置

答案：A

11. 经纬仪的竖盘按顺时针方向注记，当视线水平时，盘左竖盘读数为90°。用该仪器观测一高处目标，盘左读数为75°10′24″，则此目标的竖角为(　　)。

A. 57°10′24″　　　B. −14°49′36″　　　C. 14°49′36″

答案：C

12. 直线定向采用盘左、盘右两次投点取中是为了消除(　　)。

A. 度盘偏心差　　　B. 度盘分划误差　　　C. 视准轴不垂直于横轴误差

答案：C

13. 地形图上不同高程等高线(　　)。

A. 可能重合　　　B. 不能交叉　　　C. 可以交叉

答案：B

14. 地形测图所用的仪器垂直度盘的指标差不应超过（　　）。

A. ±20″　　　B. ±30″　　　C. ±1″

答案：C

15. 因扶尺不直而对水准测量产生的误差属于（　　）。

A. 疏忽误差　　　B. 偶然误差　　　C. 系统误差

答案：C

16. 使用DJ2经纬仪观测水平角，半测回归零差为（　　）。

A. 12″　　　B. 18″　　　C. 8″

答案：A

17. *A*点坐标为（1961.59，1102.386），*B*点坐标为（2188.00，1036.41），那么*AB*边方位角在第（　　）象限。

A. Ⅱ　　　B. Ⅲ　　　C. Ⅳ

答案：C

18. 若用 DJ6 型光学经纬仪观测，两个半测回角值之差不得超过（　　）。

A. 12″　　B. 18″　　C. 36″

答案：C

19. 1∶500 比例尺地形图上的 0.2mm，在实地为（　　）。

A. 10m　　B. 10dm　　C. 10cm

答案：C

20. 物镜光心与十字丝分划板中心的连线称为（　　）。

A. 视准轴　　B. 水平轴　　C. 竖轴

答案：A

21. 水平角观测，测回法适用于（　　）。

A. 两个方向之间的夹角　　B. 三个方向之间的夹角

C. 多方向水平角

答案：A

22. GPS 网的同步观测是指(　　)。

A. 用于观测的接收机是同一品牌和型号

B. 两台以上接收机同时对同一组卫星进行的观测

C. 两台以上接收机不同时刻所进行的观测

D. 一台接收机所进行的两个以上时段的观测

答案：B

23. 用经纬仪正倒镜观测不能消除（　　）。

A. 盘度偏心差　　B. 横轴误差　　C. 竖轴倾斜误差　　D. 照准部偏心差

答案：A

24. 某地形图的比例尺为 1∶500，则其比例尺精度为（　　）。

A. 0.2m　　B. 0.02m　　C. 0.5m　　D. 0.05m

答案：D

25. 下列各种比例尺的地形图中，比例尺最大的是（　　）。

A. 1∶5000　　B. 1∶2000　　C. 1∶1000　　D. 1∶500

答案：D

26. 观测水平角时，采用改变各测回之间水平度盘起始位置读数的办法，可以削弱(　　)的影响。

A. 度盘偏心误差　　B. 度盘刻划不均匀误差

C. 照准误差　　D. 读数误差

答案：B

27. GPS定位技术是一种（　　）的方法。

A. 摄影测量　　B. 卫星测量　　C. 常规测量　　D. 不能用于控制测量

答案：B

28. 当经纬仪视线水平时，横轴不垂直于竖轴的误差对水平度盘读数的影响是（　　）。

A. 最大　　B. 最小　　C. 为零　　D. 不确定

答案：C

29. 经纬仪观测水平角时，盘左、盘右观测可以消除（　　）影响。

A. 竖盘指标差　　B. 照准部水准管轴不垂直于竖轴

C. 视准轴不垂直于横轴　　D. 水平度盘刻划误差

答案：C

30. 某经纬仪盘左视线水平时的读数为90°，将望远镜抬高后知竖盘读数L在增大，则该经纬仪盘左竖直角公式为（　　）。

A. $90°-L$　　B. $L-90°$　　C. L　　D. $-L$

答案：B

31. 用经纬仪测水平角和竖直角，一般采用正倒镜方法，下面哪种误差不能用正倒镜法消除（　　）。

A. 视准轴不垂直于横轴　　B. 竖盘指标差

C. 横轴不水平　　D. 竖轴不竖直

答案：B

32. 已知一直线的坐标方位角是150°23′37″，则该直线上的坐标增量符号是（　　）。

A. （+，+）　　B. （−，−）　　C. （−，+）

答案：C

33. 用盘左盘右观测同一目标的竖直角，其角值不等，说明仪器存在（　　）。

A. 照准差　　B. 指标差

C. 十字丝横丝不水平　　D. 横轴倾斜

答案：B

34. 水平角观测时，大气折光影响而产生的角度误差是(　　)。

A. 偶尔误差　　B. 系统误差　　C. 外界条件影响　　D. 粗差

答案：C

35. 用测回法测定某目标的竖直角，可消除（　　）误差的影响。

A. 照准差　　B. 指标差　　C. 粗差

答案：B

36. 以中央子午北端作为基本方向顺时针方向量至直线的夹角称为（　　）。

A. 真方位角　　B. 子午线收敛角　　C. 磁方向角　　D. 坐标方位角

答案：D

37. 档端角度法检查弧垂，f 值计算公式为（　　）。

A. $f=\frac{1}{4}[\sqrt{a}+\sqrt{l(\tan\theta_1-\tan\theta)}]^2$

B. $f=\frac{1}{2}(\overline{A_1N}\tan\varphi_A+\overline{B_1N}\tan\varphi_B)-\overline{D_1N}\tan\theta$

C. $f=\left(\frac{\sqrt{l_1(\tan\theta_3-\tan\theta_1)}+\sqrt{(l_1+l_2)(\tan\theta_2-\tan\theta_1)}}{2}\right)$

答案：A

38. 异长法检查弧垂，f 值计算公式为（　　）。

A. $f=\frac{1}{4}(\sqrt{a}-\sqrt{b})$

B. $f=\frac{1}{4}(\sqrt{a}+\sqrt{b})^2$

C. $f=\frac{1}{4}(\sqrt{a}-\sqrt{b})$

答案：B

39. 档端角度法观测弧垂，观测角 θ 角计算公式为（　　）。

A. $\theta=\tan^{-1}\frac{\pm h-4f+4\sqrt{fa}}{l}$　　B. $\theta=\tan^{-1}\frac{\pm h-4f-4\sqrt{fa}}{l}$

C. $\theta=\tan^{-1}\frac{\pm h+4f-4\sqrt{fa}}{l}$

答案：C

40. GPS/RTK 的工作原理为（　　）。

A. 伪距差分　　B. 坐标差分（位置差分）

C. 实时差分　　D. 载波相位差分

答案：D

41. 角度测量读数时的估读误差属于（　　）。

A. 中误差　　B. 系统误差　　C. 偶然误差　　D. 相对误差

答案：C

42. 以下测量中不需要进行对中操作的是（　　）。

A. 水平角测量　　B. 水准测量　　C. 垂直角测量　　D. 三角高程测量

答案：B

43. 通常所说的海拔高指的是点的（　　）。

A. 相对高程　　B. 高差　　C. 高度　　D. 绝对高程

答案：D

44. 将地面上各种地物的平面位置按一定比例尺，用规定的符号缩绘在图纸上，这种图称为（　　）。

A. 地图　　B. 地形图　　C. 平面图　　D. 断面图

答案：C

45. 经纬仪不能直接用于测量(　　)。

A. 点的坐标　　B. 水平角　　C. 垂直角　　D. 视距

答案：A

46. 水平角观测时，各测回间改变零方向度盘位置是为了削弱（　　）误差影响。

A. 视准轴　　B. 横轴　　C. 指标差　　D. 度盘分划

答案：D

47. 整基铁塔基础与线路中心桩间横线路方向的位移允许误差值为（　　）。

A. 30mm　　B. 40mm　　C. 50mm

答案：A

48. 基础根开及时对角线尺寸（地脚螺栓式）允许偏差为（　　）。

A. ±3‰　　B. ±2‰　　C. ±1‰

答案：B

49. 复测线路时，以两相邻直线桩为基准，其横线路偏移应不大于（　　）。

A. 50mm　　B. 40mm　　C. 30mm

答案：A

50. 紧线弧垂在挂线后其允许偏差：200kV 及以上（　　）。

A. ±2%　　B. ±3%　　C. ±2.5%

答案：C

51. 整基基础扭转（地脚螺椎式）允许误差为（　　）。

A. 5′　　B. 10′　　C. 15′

答案：B

52. 直线杆塔结构倾斜允许偏差为（　　）。

A. 3‰（高塔 1.5‰）　　B. 2‰（高塔 1.5‰）

C. 1‰

答案：A

53. 相间弧垂允许偏差：200kV 及以上（　　）。

A. 200mm　　B. 250mm　　C. 300mm

答案：C

54. 转角杆塔桩的复测是复查转角塔的角度值是否符合设计角度，用测回法测一个测回，测得的角度值与原设计的角度值之差不大于（　　）则认为合格。

A. 1′10″　　B. 1′20″　　C. 1′30″

答案：C

55. 已知：拉线点高度为 H，拉盘埋深为 h，对地面夹角为 θ。拉线坑位置 LO 的计算公式为（　　）。

A. $LO=H+h/\tan\theta$　B. $LO=H+h/\cos\theta$　C. $LO=(H+h)\times\tan\theta$

答案：A

56. 拉线悬挂点高 h，拉线棒出土长 a，拉线对地夹角 60°，拉线上、下把回头为 b 及 a，求拉线长度 X（不计 UT 线夹和楔型线夹长度）的计算公式（　　）。

A. $X=h/\sin60^\circ+(a-a+b)$

B. $X=h/\tan60^\circ+(a-a+b)$

C. $X=h/\cos60^\circ+(a-a+b)$

答案：A

57. RTK 测量系统的数据传输设备由基准站的（　　），它是实现实时动态测量的关键设备。

A. 发射电台与流动站的接收电台组成　　B. 发射电台与流动站的手簿

C. 发射电台与 12V 电瓶

答案：A

58. RTK测量系统的软件系统具有能够（　　）的功能。

A. 实时解算出流动站的三维坐标　　B. 实时显示地理位置

C. 实时显示高程及方位角

答案：A

59. RTK作业中，如出现卫星失锁，（　　），并经重合点测量检测合格后，方能继续作业。

A. 重新设置流动站　B. 重新初始化　　C. 重新设置基准站

答案：B

60. RTK测量，每次作业开始前或重新架基准站后，均应进行至少一个同等级或高等级已知点的检核，平面坐标较差不应大于（　　）。

A. ±3cm　　B. ±5cm　　C. ±7cm

答案：C

61. RTK平面控制点测量平面坐标转换残差应不大于±（　　）。

A. 2cm　　B. 3cm　　C. 4cm

答案：A

62. RTK测量时，数据采集器设置控制点的单次观测的平面收敛精度应不大于±（　　）。

A. 2cm　　B. 3cm　　C. 4cm

答案：B

63. RTK测量技术是全球卫星导航定位技术与数据通信技术相结合的载波相位实时动态差分定位技术，它能够实时地提供测站在指定坐标系统中的（　　）定位结果。

A. 直角坐标　　B. 高程　　C. 三维

答案：C

C.2 多选题

1. 避免阳光直接照射仪器，其目的是（　　）。

A. 防止仪器老化　　B. 防止视准轴偏差

C. 保护水准器灵敏度　　D. 防止脚架扭曲

答案：BCD

2. 全站仪可以测量（　　）。

A. 磁方位角　　B. 水平角　　C. 水平方向值　　D. 竖直角

答案：BCD

3. 测量工作的原则是（　　）。

A. 由整体到局部

B. 在精度上由高级到低级

C. 先控制后碎部

D. 先进行高程控制测量后进行平面控制测量

答案：ACD

4. 用测回法观测水平角，可消除仪器误差中的（　　）。

A. 视准轴误差　　B. 竖轴误差　　C. 横轴误差　　D. 度盘偏心差

答案：ACD

5. 工程测量高程控制网等级划分为（　　）。

A. 2等　　B. 3等　　C. 4等　　D. 5等

答案：ABCD

6. 整基基础扭转检查：观测中的扭转角 θ_1 与 θ_3 或 θ_2 与 θ_4，是处在线路中心线或过塔位桩的横线路方向的同一侧时，则整基基础扭转计算公式是（　　）。

A. $\theta=\frac{1}{2}|\theta_1-\theta_3|$　　B. $\theta'=\frac{1}{2}|\theta_2-\theta_4|$

C. $\theta=\frac{1}{2}(\theta_1+\theta_3)$　　D. $\theta'=\frac{1}{2}(\theta_2+\theta_4)$

答案：AC

7. 整基基础扭转检查：观测中的扭转角 θ_1 与 θ_3 或 θ_2 与 θ_4，是处在线路中心线或过塔位桩的横线路方向的不同一侧时，则整基基础扭转计算公式是（　　）。

A. $\theta=\frac{1}{2}|\theta_1-\theta_3|$　　B. $\theta'=\frac{1}{2}|\theta_2-\theta_4|$

C. $\theta=\frac{1}{2}(\theta_1+\theta_3)$　　D. $\theta'=\frac{1}{2}(\theta_2+\theta_4)$

答案：BD

8. 整基基础偏移检查：用钢尺量出实际偏差值 L_1、L_2、L_3、L_4 均在望远镜视线的同一侧，则整基基础横/顺线路方向的偏移值 Δ 的计算方法是：（　　）。

A. $\Delta x=\frac{1}{2}|L_1-L_2|$　　B. $\Delta x=\frac{1}{2}(L_1+L_2)$

C. $\Delta y=\frac{1}{2}|L_3-L_4|$　　D. $\Delta y=\frac{1}{2}(L_3+L_4)$

答案：BD

9. 整基基础偏移检查：用钢尺量出实际偏差值 L_1、L_2、L_3、L_4 均在望远镜视线的两侧，则整基基础横/顺线路方向的偏移值Δ的计算方法是：（　　）。

A. $\Delta x=\frac{1}{2}\mid L_1-L_2\mid$　　B. $\Delta x=\frac{1}{2}(L_1+L_2)$

C. $\Delta y=\frac{1}{2}\mid L_3-L_4\mid$　　D. $\Delta y=\frac{1}{2}(L_3+L_4)$

答案：AC

10. 在连续档中，为了使整个耐张段内各个档的弧垂达到平衡，须根据连续档内的档数多少，而决定弧垂观测档的档数。例如，耐张段在六档至十二档时，（　　）。

A. 需选择靠近中间的一档作为观测档

B. 靠近耐张段的两端各选一档作为观测档

C. 弧垂观测档的档数可以增多，但不能减少

D. 观测档应选在档距较大和悬挂点高差较小的档

答案：BCD

11. 异长法观测弧垂的适应范围（　　）。

A. 短档距　　B. 小弧垂的较平坦地段

C. 大档距　　D. 大弧垂的地势高差较大的地段

答案：AB

12. 角度法观测弧垂的适应范围（　　）。

A. $a/f=4$　　B. $a\geqslant 4f$　　C. $a<3f$　　D. $3f>a$

答案：CD

13. 平视法观测弧垂的条件（　　）。

A. $h>4f$　　B. $4f-h>0$　　C. $h=4f$　　D. $4f>h$

答案：BD

14. 经纬仪的主要轴线有哪些？（　　）。

A. 视准轴　　B. 横轴　　C. 水准管轴　　D. 竖轴

答案：ABCD

15. 产生测量误差的主要原因有三个因素，即（　　）。

A. 仪器误差　　B. 系统误差

C. 外界环境的影响　　D. 人的因素

答案：ACD

16. 测量工作的基本内容是（　　）。

A. 水准测量　　B. 高程测量　　C. 角度测量　　D. 距离测量

答案：BCD

17. 衡量测量精度的指标有（　　）。

A. 中误差　　B. 偶然误差　　C. 极限误差　　D. 相对误差

答案：ACD

18. 直线定向的标准方向有（　　）。

A. 真子午线方向　　B. 磁子午线方向　　C. 北极方向　　D. 坐标纵轴方向

答案：ABD

19. 送电路线勘测设计测量一般分为（　　）。

A. 平断面测量　　B. 初测　　C. 定测　　D. 定线测量

答案：BC

20. 倾斜视距测量（地形起伏较大时）视距/高差计算公式（　　）。

A. $D=Kl\cos 2\alpha$　　B. $h=1/2Kl\sin 2\alpha+i-s$

C. $D=Kl\cos\alpha$　　D. $h=1/2Kl\sin\alpha+i-s$

答案：AB

21. 经纬仪组成主要包括：（　　）。

A. 照准部　　B. 望远镜　　C. 基座　　D. 水平度盘

答案：ACD

22. 全站仪的组成主要包括（　　）。

A. 光电测距仪　　B. 棱镜　　C. 数据处理系统　　D. 电子经纬仪

答案：ACD

23. 全球定位系统GPS（Global Positioning System），是利用卫星发射的无电信号，向全球用户提供连续、实时、高精度的三维导航、（　　）服务的系统。

A. 定位　　B. 测速　　C. 授时　　D. 拍照

答案：ABC

24. GPS定位系统由（　　）三部分组成。

A. 基准站　　B. 地面监控部分　　C. 用户设备部分　　D. 空间卫星部分

答案：BCD

25. 丢桩的补测：如杆塔桩丢失，应根据线路杆塔明细表和平断面图，按原设计的档距数据进行补测钉桩，并须按《架空送电线路测量技术规定》进行观测，精度要求如下：直线量距：用经纬仪视距法测距，两次测量之差应不超过（　　）。

A. 对向观测：1/150　　B. 同向观测：1/250

C. 对向观测：1/200　　D. 同向观测：1/200

答案：AD

26. 丢桩的补测：如杆塔桩丢失，应根据线路杆塔明细表和平断面图，按原设计的档距数据进行补测钉桩，并须按《架空送电线路测量技术规定》进行观测，用经纬仪视距法测距，视距长度要求为（　　）。

A. 平地不超过400m

B. 丘陵不超过600m

C. 山区不超过800m

D. 使用红外线测距仪、全站仪等新技术设备时，测距长度可根据设备性能增加

答案：ABCD

27. 如果一个耐张段的塔位中心桩或方向桩丢失严重，应先进行补钉桩位。补桩时采用的方法：直线桩位采用（　　）进行补钉。

A. 正倒镜分中法　　B. 延长法

C. 根据设计规定的档距及高差　　D. 全站仪

答案：ABC

28. 直线杆塔中心桩复测，以直线桩为基准，用正倒镜分中法来复测，复测时以设计勘测钉立的两个相邻的直线桩为基线，其横线路方向偏差不大于50mm，当采用经纬仪视距法复测距离时，顺线路方向相邻杆塔位中心桩间的距离与设计值的偏差不大于设计（　　）。

A. 档距的1%　　B. 高差偏差不超过±1.5m

C. 档距的1.5%　　D. 高差偏差不超过±0.5m

答案：AD

29. 路径复测应以断面图和杆塔明细表为准，检查设计档距、高差、转角度数、塔基断面及危险点等，如有偏差应查明其原因。杆塔中心桩复测的主要项目有（　　）。

A. 直线杆塔中心桩复测，转角杆塔中心桩复测；档距和高差的复测

B. 基础断面的测量（包括基础各腿基面对中心桩的高差）

C. 被跨越物、地形凸起点、风偏危险点高差及水平距离的测量

D. 已丢失的桩位补钉

答案：ABCD

30. 施工前应对经纬仪及全站仪进行以下项目的检查：（　　）对于不符合技术要求的仪器应进行校正，即使是新出厂的精密仪器，在使用前也必须进行检定校准后方可使用。

A. 水准管和垂直竖轴的垂直度；视准轴和水平轴的垂直度

B. 花杆、钢皮尺、棱镜等

C. 水平轴和竖直轴的垂直度

D. 望远镜十字线、望远镜水准管竖盘游标水准管等

答案：ACD

31. 线路复测前，施工人员必须熟悉（　　）。

A. 设计路径图纸、平断面图、杆塔明细表

B. 铁塔及基础配置明细表、基础施工图等有关资料

C. 熟悉施工现场

D. 熟悉沿线交通、地形情况

答案：ABD

32. 在直线塔复测过程中，如遇到有暂时无法清除的障碍物，可采用（　　）绕过障碍物进行复测。

A. 矩形法　　B. 异长法　　C. 平视法　　D. 等腰三角形法

答案：AD

33. 混凝土电杆基础及预制基础：拉线盘的埋设方向应符合设计规定。其安装位置允许偏差应满足：（　　）。

A. 沿拉线方向的左、右偏差不应超过拉线盘中心至相对应电杆中心水平距离的1.5%

B. 沿拉线安装方向，其前后允许位移值：当拉线安装后其对地夹角值与设计值之差不应超过1°，个别特殊地形需超过1°时，应由设计提出具体规定

C. X型拉线的拉线盘安装位置，应满足拉线交叉处不得相互磨碰

D. 沿拉线方向的左、右偏差不应超过拉线盘中心至相对应电杆中心水平距离的1%

答案：BCD

34. 浇筑基础应表面平整，单腿尺寸允许偏差应符合下列规定：（　　）。

A. 保护层厚度：－5mm；立柱及各底座断面尺寸：－1%

B. 保护层厚度：±5mm；立柱及各底座断面尺寸：±1%

C. 同组地脚螺栓中心对立柱中心偏移：10mm；地脚螺栓露出混凝土面高度：＋10mm，－5mm

D. 同组地脚螺栓中心对立柱中心偏移：30mm；地脚螺栓露出混凝土面高度：+15mm，−5mm

答案：AC

35. 浇筑拉线基础的允许偏差应符合：(　　)。

A. 基础尺寸：断面尺寸：−5%；拉环中心与设计位置的偏移：20mm

B. 基础位置：拉环中心在拉线方向前、后、左、右与设计位置的偏移：1%L

C. X型拉线基础位置应符合设计规定，并保证铁塔组立后交叉点的拉线不磨碰

D. 基础尺寸：断面尺寸：−1%；拉环中心与设计位置的偏移：20mm

答案：BCD

36. 安装间隔棒的其他形式分裂导线同相子导线的弧垂允许偏差应符合：(　　)。

A. 220kV 为 50mm　　B. 330～500kV 为 50mm

C. 220kV 为 80mm　　D. 330～500kV 为 80mm

答案：BC

37. 拉线转角杆、终端杆、导线不对称布置的拉线直线单杆，在架线后拉线点处的杆身不应(　　)。

A. 向受力侧挠倾

B. 向受力反侧（或轻载侧）的偏斜不应超过拉线点高的1‰

C. 向受力反侧（或轻载侧）的偏斜不应超过拉线点高的3‰

答案：AB

38. 自立式转角塔、终端塔应组立在倾斜平面的基础上，向受力反方向预倾斜，预倾斜值应视塔的刚度及受力大小由设计确定。架线挠曲后，(　　)。

A. 塔顶端仍不应超过铅垂线而偏向受力侧

B. 架线后铁塔的挠曲度超过设计规定时，应会同设计处理

C. 塔顶端可向铅垂线而偏向受力侧

答案：AB

39. 钻孔灌注桩基础：钻孔完成后，应立即检查成孔质量，并填写施工记录。成孔的尺寸必须符合下列规定：(　　)。

A. 孔径允许偏差：+50mm　　B. 孔垂直度允许偏差：<桩长1%

C. 孔深>设计深度　　D. 孔径允许偏差：−50mm

答案：BCD

40. 当转角、终端塔设计要求采取预偏措施时，其基础的四个基腿顶面应按预偏值（　　）。

A. 抹成斜平面　　B. 并应共在一个整斜平面或平行平面内

C. 抹成水平面　　D. 并应共在一个水平面或平行平面内

答案：AB

41. 杆塔基础（不含掏挖基础和岩石基础）坑深允许偏差为（　　）。

A. +100mm　　B. ±50mm　　C. ±100mm　　D. −50mm

答案：AD

42. 经纬仪的主要轴线之间应满足以下条件：（　　）。

A. 照准部水准管轴应竖直于竖轴

B. 十字丝竖丝应竖直于横轴

C. 视准轴应竖直于横轴

D. 横轴应竖直于竖轴；竖盘指标差应为零

答案：ABCD

43. 测设点的平面位置主要有（　　）等方法。

A. 极坐标法　　B. 直角坐标法　　C. 平视法　　D. 角度交会法

答案：ABD

44. 全站仪的“对边测量”可以计算或测量出所立棱镜点之间的（　　）。

A. 水平距离、高差　　B. 坐标　　C. 方位角　　D. 斜距

答案：ACD

45. 全站仪的“悬高测量”可以计算或测量出所立棱镜点至铅垂线上目标之间的（　　）。

A. 垂直距离　　B. 坐标　　C. 水平距离　　D. 斜距

答案：ACD

46. 用经纬仪盘左、盘右两个盘位观测水平角，取其观测结果的平均值，可以消除（　　）对水平角的影响。

A. 系统误差　　B. 横轴误差

C. 照准部偏心误差　　D. 视准轴误差

答案：BCD

47. 施工放样的基本工作包括测设（　　）。

A. 水平角　　B. 方位角　　C. 高程　　D. 水平距离

答案：ACD

48. 测定点平面坐标的主要工作是（　　）。

A. 测量竖直角　　B. 测量高差　　C. 测量水平距离　　D. 测量水平角

答案：CD

49. 严禁使用（　　）等测量带电线路导线的垂直距离。

A. 皮尺　　B. 钢卷尺　　C. 线尺　　D. 测量仪

答案：ABC

50. 使用全站仪、经纬仪、水准仪应经常检查以下项目：（　　）。

A. 全站仪和经纬仪的三轴误差、竖盘指标差

B. 光学对点器的偏心差

C. 视距尺的水准管

D. 水准仪的 i 角

答案：AB

51. 经纬仪视距测距相对误差（　　）。

A. 同向不应大于1/200

B. 对向不应大于1/150

C. 同向不应大于1/250

D. 对向不应大于1/200

答案：AB

52. 钢尺量距时，每次量距次数（　　）。

A. 不少于两次

B. 两次测量误差不超过量距的1.5‰

C. 不少于四次

D. 两次测量误差不超过量距的1‰

答案：AD

53. GPS卫星定位控制测量测站作业应符合（　　）规定。

A. 观测中，应避免在接收机附近使用无线电通信工具

B. 作业同时，应做好测站等相关信息记录

C. 接收机应有晴雨伞，防晒、防雨水

D. 避免在恶劣天气作业

答案：AB

54. 基础（正方型）根开 x，坑洞尺寸（$a\times a$），在中心桩 O 点位置进行分坑，请选择计算出坑洞近点 $OE1$、远点 $OE2$、及半对角 OE 的计算公式（　　）。

A. $E_2=\frac{\sqrt{2}}{2}(x+a)$　　B. $E_1=\frac{\sqrt{2}}{2}(x-a)$

C. $E_1=\frac{\sqrt{3}}{2}(x+a)$　　D. $E=\frac{\sqrt{2}}{2}x$

答案：ABD

55. 架空送电线路与铁路、公路及各种架空线路交叉或接近距离应满足（　　）的要求。

A. 220kV 线路：至公路面最小垂直距离 8.0m；至铁路轨顶（标准轨）最小垂直距离 8.5m；至弱电力线最小垂直距离 4.0m；至铁路轨顶（电气轨）最小垂直距离 12.5m

B. 500kV 线路：至公路面最小垂直距离 14.0m；至铁路轨顶（标准轨）最小垂直距离 14.0m；至弱电力线最小垂直距离 8.5m；至铁路轨顶（电气轨）最小垂直距离 16.0m

C. 500kV 线路：至公路面最小垂直距离 12.0m；至铁路轨顶（标准轨）最小垂直距离 15.0m；至弱电力线最小垂直距离 8.0m；至铁路轨顶（电气轨）最小垂直距离 14.0m

D. 220kV 线路：至公路面最小垂直距离 6.0m；至铁路轨顶（标准轨）最小垂直距离 8.0m；至弱电力线最小垂直距离 5.0m；至铁路轨顶（电气轨）最小垂直距离 10.5m

答案：AB

56. 最大计算弧垂情况下导线对地面最小距离不应小于（　　）的要求。

A. 220kV 线路：至居民区 7.0m；至非居民区 6.0m

B. 500kV 线路：至居民区 14.0m；至非居民区 11.0m

C. 220kV 线路：至居民区 7.5m；至非居民区 6.5m

D. 500kV 线路：至居民区 14.5m；至非居民区 11.5m

答案：BC

57. 最大计算弧垂情况下架空送电线路对建筑物之间的最小垂直距离（　　）。

A. 110kV 线路：5.5m　　B. 220kV 线路：7.0m

C. 110kV 线路：5.0m　　D. 220kV 线路：6.0m

答案：AD

58. 坐标正算的计算公式为（　　）。

A. $x_B = x_A + \Delta x = x_A + D_{AB}\cos\alpha_{AB}$

B. $y_B = y_A + \Delta x = y_A + D_{AB}\sin\alpha_{AB}$

C. $x_B = x_A - \Delta x = x_A - D_{AB}\cos\alpha_{AB}$

答案：AB

59. 坐标反算的计算公式为（　　）。

A. $D_{AB} = \sqrt{\Delta x_{AB}^2 + \Delta y_{AB}^2}$

B. $\alpha_{AB} = \arctan\left|\dfrac{\Delta y_{AB}}{\Delta x_{AB}}\right|$

C. $D_{AB} = \sqrt{\Delta x_{AB}^2 - \Delta y_{AB}^2}$

答案：AB

60. 推算坐标方位角的一般公式为（　　）。

A. $\alpha_{前} = \alpha_{后} + 180° + \beta_{左}$

B. $\alpha_{前} = \alpha_{后} + 180° + \beta_{右}$

C. $\alpha_{前} = \alpha_{后} + 180° - \beta_{左}$

D. $\alpha_{前} = \alpha_{后} + 180° - \beta_{右}$

答案：AD

61. 施工测量时应对哪些地方和标高进行重点复核（　　）。

A. 地形变化较大，导线对地距离（含风偏）有可能不够的地形凸起点的标高

B. 杆塔位间被跨越物的标高

C. 相邻杆塔位的相对标高

D. 转角塔位的相对标高

答案：ABC

62. 线路施工测量是为施工需要而进行的有关测量工作，包括（　　）。

A. 复核设计定的杆塔位中心桩位置及复核重要处的标高

B. 补定丢失的杆塔中心桩

C. 对全线杆塔基础和拉线基础进行分坑、基坑操平、施工基面标高等的测量

D. 施工架线完后，对必要的杆塔倾斜、导线弧垂、导线对地距离以及交叉跨越距离等进行测量

答案：ABCD

63. 线路复测时有下列情况之一时，应查明原因并予以纠正（　　）。

A. 以相邻两直线桩为基准，其横线路方向偏差大于50mm

B. 杆塔位中心桩或直线桩的桩间距离相对设计值的偏差大于1%

C. 转角桩的角度值，用方向法复测时对设计值的偏差大于1′30″

D. 转角杆塔中心桩位移未满足设计要求；塔基断面与设计文件不符

答案：ABCD

64. 实时动态（RTK）测量系统，是GPS测量技术与数据传输技术的结合，是GPS测量技术中的一个新突破。RTK测量系统一般由以下（　　）部分组成。

A. GPS接收设备　　B. 数据传输设备　　C. 软件系统　　D. 基准站和移动站

答案：ABC

65. RTK测量技术除具有GPS测量的优点外，同时具有（　　）因此可以提高生产效率。

A. 观测时间短　　B. 不用通视、全天候观测

C. 能实现坐标实时解算的优点

答案：AC

66. RTK测量系统的数据传输设备由基准站的（　　）它是实现实时动态测量的关键设备。

A. 发射电台　　B. 流动站的接收电台组成

C. 发射电台与流动站的手簿　　D. 发射电台与12V电瓶

答案：AB

67. 架线时为了提高弧垂测量精度，应注意的问题主要有（　　）。

A. 正确恰当地选择观测档和观测点

B. 弧垂观测点应尽量设法切在弧垂最大处，切点的仰角或俯角一般不超过10°，且视角尽量接近高差角，这样可以保证弧垂的微小变化在仪器上有敏感的显示

C. 观测档的档距长度，悬点高差等数据应尽量准确，观测档弧垂的计算应计入初伸长，连续上下山以及气温变化所引起的弧垂变化

答案：ABC

68. 高塔整基基础填土夯实后的允许误差尺寸的规定为（　　）。

A. 整基基础与中心桩之间的横向位移：30mm

B. 基础根开及对角尺寸：+0.7‰

C. 基础顶面抹面后高差：5mm

D. 整基基础与线路中心间的扭转角：5′

答案：ABCD

69. RTK测量前宜对设备进行以下的检验（　　）。

A. 基准站与流动站的数据链联通检验

B. 电池电量与电压的检验

C. 数据采集器与接收机的通信连通检验

D. 数据发射天线与流动站对中杆的检验

答案：AC

C.3 判断题

1. 测量仪器的水准管气泡居中时，视准轴即已水平。（　　） 答案：×

2. 仪器整平和对中交替进行经纬仪的安置方法是用垂球对中，先整平后对中的安置方法是光学对中。（　　） 答案：×

3. 用测回法和方向法观测角度时，各测回应在不同的度盘位置观测，是为了减弱度盘分划误差对读数的影响。（　　） 答案：√

4. 以GPS做控制测量时点与点之间不要求通视。（　　） 答案：√

5. 测量时，如果背景是明亮的天空，观测时容易偏向暗的一侧，如果背景是树林等阴暗地物时，就容易偏向明亮的一侧。（　　） 答案：√

6. 测量过程中，偶然误差是可以避免的。（　　） 答案：×

7. 中央子午线也是真子午线，真子午线也是经线。（　　） 答案：√

8. 过水准面上任何一点所作的铅垂线，在该点处与水准面正交。（　　） 答案：√

9. 坐标正算就是通过已知点 A、B 的坐标，求出 AB 的距离和方位角。（　　） 答案：×

10. 对测绘仪器、工具，必须做到及时检查校正，加强维护、定期检修。（　　）

答案：√

11. 工程测量应以中误差作为衡量测绘精度的标准，三倍中误差作为极限误差。（　　）

答案：×

12. 大、中城市的GPS网应与国家控制网相互连接和转换，并应与附近的国家控制点联测，联测点数不应少于3个。（　　） 答案：√

13. 在测量中，观测的精度就是指观测值的数学期望与其真值接近的程度。（　　）

答案：×

14. 测量过程中仪器对中均以铅垂线方向为依据，因此铅垂线是测量外业的基准线。（　　）

答案：×

15. 地面点的高程通常是指该点到参考椭球面的垂直距离。（　　） 答案：×

16. GPS点高程（正常高）经计算分析后符合精度要求的可供测图或一般工程

测量使用。（　　）　答案：√

17. 按地籍图的基本用途，地籍图可划分为分幅地籍图和宗地图两类。（　　）答案：×

18. 国家控制网布设的原则是由高级到低级、分级布网、逐级控制。（　　）　答案：√

19. 地形的分幅图幅按矩形（或正方形）分幅，其规格为40cm/50cm或50cm/50cm。（　　）　答案：√

20. 在几何水准测量中，保证前后视距相等，可以消除球气差的影响。（　　）答案：√

21. 高斯投影是一种等面积投影方式。（　　）　答案：×

22. 在54坐标系中，Y坐标值就是距离中子午线的距离。（　　）　答案：×

23. 用测距仪测量边长时，一测回是指照准目标一次，读数一次的过程。（　　）答案：×

24. 在四等以上的水平角观测中，若零方向的$2C$互差超限，应重测整个测回。（　　）

答案：√

25. 影响电磁波三角高程测量精度的主要因素是大气折光的影响。（　　）　答案：√

26. GPS点位附近不应有大面积水域，以减弱多路径效应的影响。（　　）　答案：√

27. 在进行垂直角观测时，竖角指标差$i=(360-R-L)/2$。（　　）　答案：×

28. 用方向法观测水平角时，取同一方向的盘左、盘右观测值的平均值可以消除视准轴误差的影响。（　　）　答案：√

29. 地形图的地物符号通常分为比例符号、非比例符号和线状符号三种。（　　）答案：×

30. 地面上高程相同的各相邻点所连成的闭合曲线称为等高线。相邻等高线之间的水平距离称为等高距。（　　）　答案：×

31. GPS网基线解算所需的起算点坐标，可以是不少于30min的单点定位结果的平差值提供的WGS-84系坐标。（　　）　答案：√

32. 在晴天作业时，应给测距仪打伞，严禁将照准头对向太阳。（　　）　答案：√

33. 测距作业时，避免有另外的反光体位于测线或测线延长线上。（　　）　答案：√

34. 一般的直线丈量中，尺长所引起的误差小于所量直线长度的1/1000时，可不考虑此影响。（　　）　答案：√

35. 在同一测回完成前，不要再整平仪器。（　　）　答案：√

36. 望远镜的视线是否水平，是根据水准管气泡是否居中来判断的。（　　）　答案：√

37. 竖盘指标差会影响被观测目标竖盘读数的正确性。（　　）　答案：√

38. 竖直角观测时，正镜和倒镜两个位置观测同一目标取其中数可消除竖盘指标差的影响。（　　）　答案：√

39. 大地水准面所包围的地球形体，称为地球椭圆体。（ ） 答案：√

40. 天文地理坐标的基准面是参考椭球面。（ ） 答案：×

41. 大地地理坐标的基准面是大地水准面。（ ） 答案：×

42. 视准轴是目镜光心与物镜光心的连线。（ ） 答案：×

43. 方位角的取值范围为0°～±180°。（ ） 答案：×

44. 象限角的取值范围为0°～±90°。（ ） 答案：√

45. 双盘位观测某个方向的竖直角可以消除竖盘指标差的影响。（ ） 答案：√

46. 系统误差影响观测值的准确度，偶然误差影响观测值的精密度。（ ） 答案：√

47. 经纬仪整平的目的是使视线水平。（ ） 答案：×

48. 用一般方法测水平角时，应采用盘左盘右取中的方法。（ ） 答案：√

49. 高程测量时，测区位于半径为10km的范围内时，可以用水平面代替水准面。（ ） 答案：×

50. 根据已知点的坐标和已知点到待定点的坐标方位角、边长计算待定点的坐标，这种计算在测量中称为坐标正算。（ ） 答案：√

51. 测量工作的基本内容是"高程测量、角度测量、距离测量"。（ ） 答案：√

52. 由两个已知点的坐标计算出这两个点连线的坐标方位角和边长，这种计算称为坐标反算。（ ） 答案：√

53. 施工测量用的计量器具，在使用前必须经检定合格后才能使用。（ ） 答案：√

54. 杆塔倾斜率就是杆塔倾斜值 S 与杆塔地面上部高度 H 之比的百分数，即倾斜率＝倾斜值/塔全高。在设计值上，倾斜率＝预偏率。（ ） 答案：√

55. 转角杆塔桩复测是用一测回法复测转角的水平角度值，其与设计值的偏差不应大于1′40″。（ ） 答案：×

56. 交叉跨越测量方法可采用绝缘绳直接测量和经纬仪（或全站仪）测量。（ ） 答案：√

57. 对中就是将经纬仪水平度盘的中心安置在测站点的铅垂线上。（ ） 答案：√

58. RTK平面控制点测量平面坐标转换残差应≤±2cm。（ ） 答案：√

59. RTK测量时，数据采集器设置控制点的单次观测的平面收敛精度应≤±3cm。（ ） 答案：×

60. RTK测量，每次作业开始前或重新架基准站后，均应进行至少一个同等级或高等级已知点的检核，平面坐标较差不应大于≤±7cm。（ ） 答案：√

61. RTK 测量，观测前应对仪器初始化，并得到固定解，当长时间不能获得固定解时，宜断开通信链路，再进行初始化操作。（　　）　答案：√

62. RTK 测量，用电台进行数据传输时，基准站宜选择在测区相对较高的位置。（　　）
答案：√

63. RTK 测量，流动站不宜在隐蔽地带、成片水域和强电磁波干扰源进行观测。（　　）
答案：√

64. RTK 测量，卫星载波相位观测量的整周未知数的整数解叫固定解。（　　）
答案：√

65. RTK 测量，观测次数指同一流动站初始化观测的次数。（　　）　答案：√

C.4　识图题

1. 画出异长法观测弛度示意图，标注符号，并说明其意义和相互关系。

答：见图 C-1。

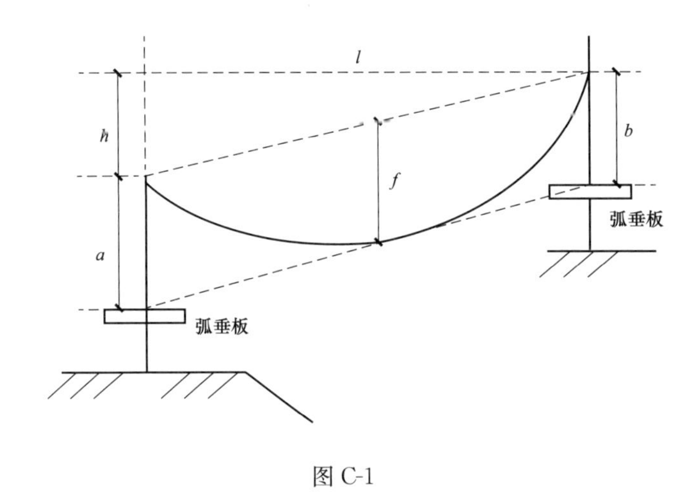

图 C-1

2. 画出三角分析法测矩示意图，说明并写出公式。

3. 画出正方形基础分坑示意图。

4. 画出矩形基础分坑示意图。

5. 画出交叉跨越测量示意图。

6. 请填上电子经纬仪器各部位名称（见图C-2）。

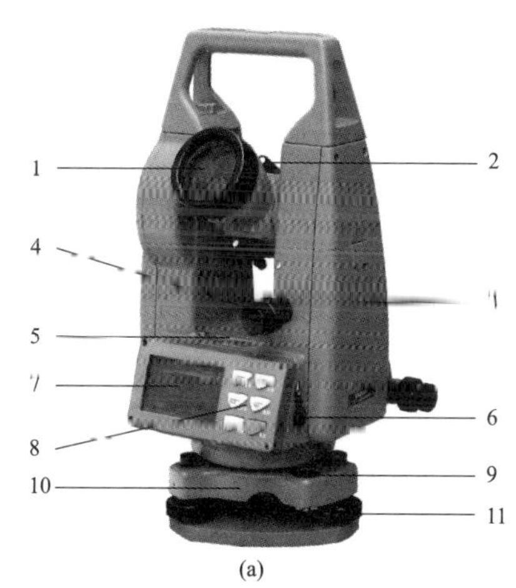

(a)

1—物镜；2—粗瞄准器；3—充电电池；4—垂直制微动螺旋；5—长水准器；
6—RS-232C通信接口；7—显示器；8—操作键；9—圆水准器；10—三角基座；11—脚螺旋

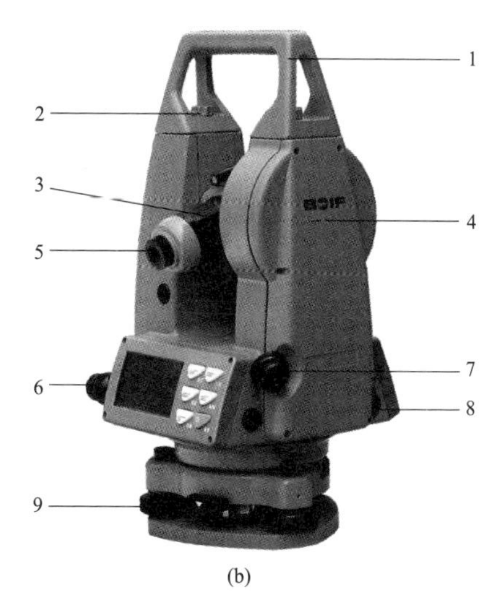

(b)

1—提把；2—提把螺丝；3—调焦手轮；4—仪器中心标志；5—目镜；
6—水平制微动螺旋；7—光学对点器；8—通信接口(用于EDM)；
9—基座固定钮

图C-2

C.5 计算题

1. 一铁塔基础的根开为6000mm（正方形、地脚螺栓式基础），浇制完毕后，测量其对角线实际尺寸为8500mm，试计算是否超过允许偏差。

2. 某220kV送电线路架线后，用档端角度法检查了某档中导线弧垂，测得数据为：$a=18.8$m，$L_1=366$m，$Q_1=3°40'$，$Q_2=3°10'$，检查时气温为25℃，试求中导线弧垂是否符合质量标准（设25℃时的标准弧垂f为9.010m）。

3. 一铁塔基础的根开为7200mm（正方形，地脚螺栓式），浇制完毕后，测量其对角线实际尺寸为10230mm，试计算是否超过允许偏差值。

4. 完成竖直角观测手簿（见表C-1）的各项计算。

表C-1

测站	目标	竖盘位置	竖盘度数	半测回竖直角	两倍指标差（$\alpha_{左}-\alpha_{右}$）	一测回竖直角	备注
K	A	左	71°08′48″	19°51′12″	2′24″ 2′24″	19°52′24″ 19°52′24″	270 180　0 90
		右	288°53′36″	19°53′36″			
	B	左	94°33′06″	−4°23′06″	26″	−4°22′23″	
		右	265°27′20″	−4°22′40″			

5. 如图C-3所示，已知12边坐标方位角$\alpha_{12}=45°$，$\beta_2=115°$，$\beta_3=243°$，求23、34边的坐标方位角。

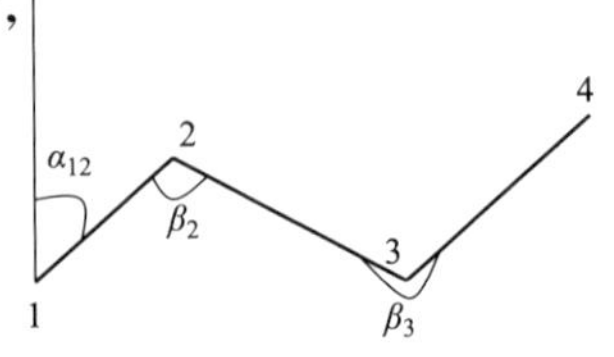

图C-3

6. 已知某送电线路弧度观测档的弧垂 $f=8.7$m，档距 $L=280$m，导线悬点高差 $h=25$m，导线悬点至仪器中心的垂直距离 $a=24$m（在低点观测，见图 C-4），试求用档端角度法观测弧垂的观测角 θ。

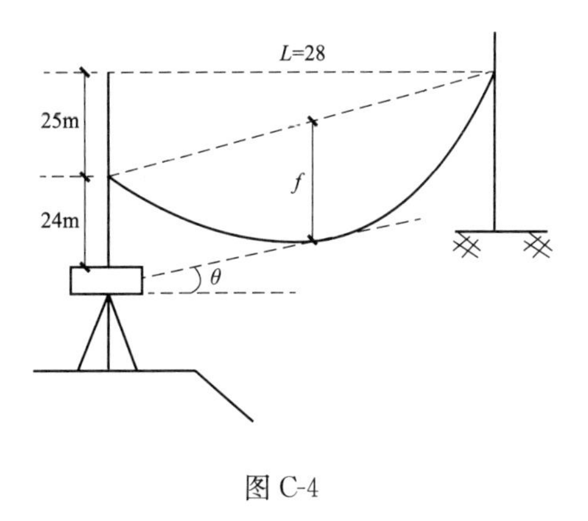

图 C-4

7. 如图，已知 $\alpha=+12°24'$，$l=1.85$m，$i=S=1.5$m（见图 C-5），求 A、B 两点间的水平距离 D 及高差 h 各是多少。

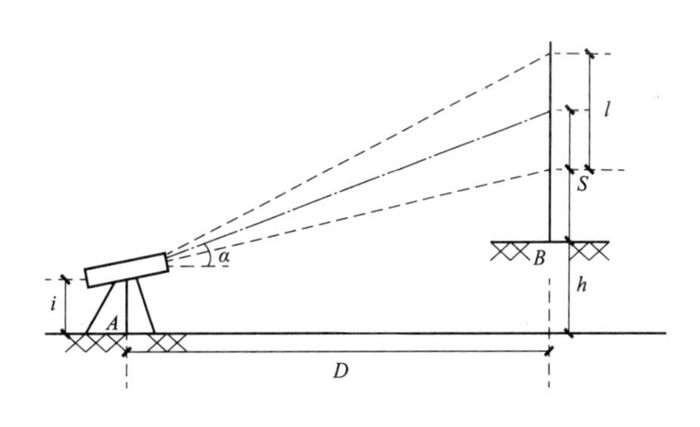

图 C-5

8. 已知某厂房两个相对房角点的坐标放样时估计基坑开挖范围，拟在厂房轴线以外 6m 处设置矩形控制网，如图 C-6 所示，求厂房控制网角点 P、Q、R、S 的坐标值。

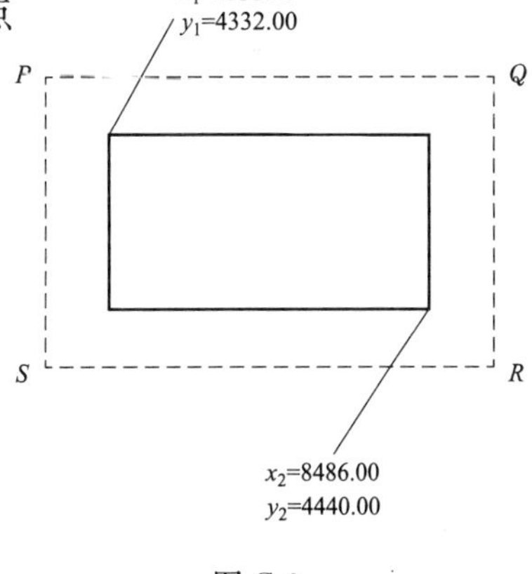

图 C-6

9. 如图 C-7 所示，已知 P_1 的坐标 $x_1=580.580$m，$y_1=1000.880$m，P_1P_2 的距离为 150m，方位角 θ 为 59°13′00″，求 P_2 的坐标 x_2、y_2。

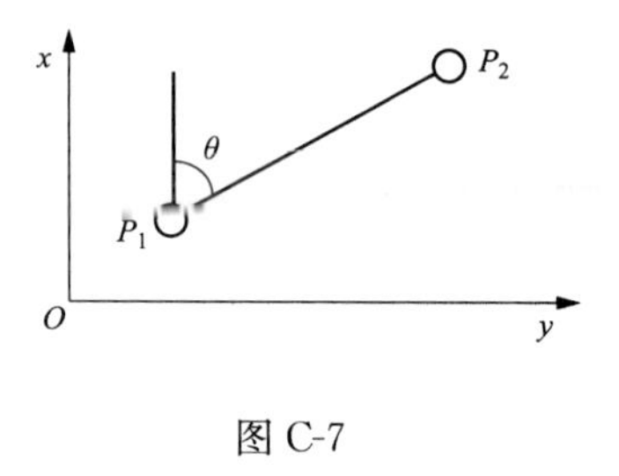

图 C-7

10. 在测站 A 进行视距测量，仪器高 $i=1.45$m，望远镜盘左照准 B 点标尺，中丝读数 $v=2.56$m，视距间隔为 $l=0.586$m，竖盘读数 $\alpha=93°28'$，求水平距离 D 及高差 h。

11. 试完成下列测回法水平角观测手簿（见表 C-2）的计算。

表 C-2

测站	目标	竖盘位置	水平度盘读数	半测回角值	一测回平均角值
一测回 B	A	左	0°06′24″	111°39′54″	111°39′51″
	C		111°46′18″		
	A	右	180°06′48″	111°39′48″	
	C		291°46′36″		

12. 完成下列竖直角观测手簿（见表 C-3）的计算，不需要写公式，全部计算均在表格中完成。

表 C-3

测站	目标	竖盘位置	竖盘读	半测回竖直角	指标差	一测回竖直角
A	B	左	81°18′42″	8°41′18″	6″	8°41′24″
		右	278°41′30″	8°41′30″		
	C	左	124°03′30″	−34°03′30″	12″	−34°03′18″
		右	235°56′54″	−34°03′06″		

13. 用计算器完成表 C-7 所示的视距测量计算。其中仪器高 $i=1.52$m，竖直角的计算公式为 $\alpha_L=90°-L$（水平距离和高差计算取位至 0.01m，需要写出计算公式和计算过程）。

表 C-4

目标	上丝读数（m）	下丝读数（m）	竖盘读数	水平距离（m）	高差（m）
1	0.960	2.003	83°50′24″	103.099	11.166

14. 已知某线路弧垂观测档一端视点 A_O 与导线悬挂点距离 a 为 2m，另一视点 B_O 与悬挂点距离 b 为 7m，试求该观测档弧垂 f 值。

15. 某 110kV 线路的跨越档，其档距 $l=360$m，交叉点距杆塔 100m，代表档距 $l_{np}=350$m，在气温 20℃时测得上导线弧垂 $f=5$m，导线对被跨越线路的交叉距离为 6m，导线热膨胀系数 $\alpha=19\times10^{-6}$。求当气温在 40℃时，交叉跨越是否满足要求。

16. 弧垂调整，现场实测弧垂低 1.8m，已知档距 l 为 528m，$f_{设}$ 为 17.16m，$\Delta l=(8/3l)\times(f_{检}^2-f_{设}^2)$，试计算导线的调整量 Δl。

17. 已知拉线对地夹角为 60°，拉线挂点高 18m，拉线盘埋深 2m，计算拉线盘坑中心到电杆的距离 L。

18. 拉线坑中心地面低于施工基地 2.5m，拉线对地夹角为 60°，挂点高 21m，拉线盘埋深 2m，求拉线坑中心至电杆的距离。

19. 已知正方形铁塔基础根开 5.6m，基础坑坑口均为正方形，边长 2.4m，试计算基础中心至基础坑坑口外角和内角的距离。

20. 已知转角杆转角 40°，长横担 $A=4000$mm，短横担 $B=3500$mm，横担宽 $C=800$mm，求杆位中心桩对线路转角桩的位移值 s。

C.6 简答题

1. 架空送电线路测量的主要内容有哪些？

2. 测量工作坐标为什么以纵轴为 x 轴？

3. 确定地面点之间相互位置关系的三个基本要素是什么？

4. 测量工作的基本原则是什么？

5. 什么叫测量误差？

6. 产生测量误差的主要因素有哪些？

7. 什么叫系统误差？

8. 什么叫偶然误差？偶然误差的特性有哪些？

9. 说明下列名词的含义：地形、地物、地貌、绝对高程和相对高程、高差。

10. 什么叫地形图？图中比例尺通常有哪三种比例尺？各自比例为多少？

11. 经纬仪的主要组成部分是什么？

12. 全站仪的主要组成部分是什么？

13. 全站仪光电测距的基本原理是什么？

14. GPS的主要组成部分是什么？

15. 使用仪器注意事项主要是什么？

16. 什么叫直线定向？有几种标准方向线？

17. 什么叫水平角？用什么方法观测水平角？角度误差产生原因有哪些？

18. 什么叫竖直角？

19. 影响角度测量误差的主要原因有哪些？

20. 角度测量的注意事项主要有哪些？

21. 什么叫仪高？

22. 什么叫初算高差？

23. 什么叫选线？

24. 定线测量标桩的一般要求有哪些？

25. 线路转角的定义是什么？

26. 平断面测量的目的是什么？

27. 杆塔定位测量的任务是什么？

28. 什么叫送电线路的平断面图？

29. 线路复测的目的是什么？

30. 线路复测包括哪些内容？

31. 试述线路复测的允许偏差是什么？

32. 钉立辅助桩的目的是什么？怎样测钉？

33. 线路复测注意事项有哪些？

34. 线路复测时应对哪些地形进行重点复核？

35. 什么叫基础分坑？坑位测定有几个步骤？

36. 分坑测量的依据是什么？

37. 什么叫施工基面？

38. 观测档的选择要求是什么？

39. 架空线弧垂观测的方法一般有哪些？

40. 异长法弧垂观测的方法及适用范围是什么？

41. 地形图上的符号有哪几种？各表示什么？

42. 测量用的主要工具有哪些？作用是什么？

43. 测量中常用仪器有哪些？

44. 怎样安置经纬仪？各步骤如何操作？

45. 红外测距仪的特点是什么？

46. 什么叫直线定线？用经纬仪定线有几种方法？操作方法如何？

47. 直线定线中间有障碍物不能透视前方，应采取什么方法继续前测？

48. 什么是视距测量？怎样进行水平视距和斜视距的测量？

49. 怎样施测高差和高程？怎样利用视距表测量两点间的距离和高差？

50. 线路设计测量的主要内容有哪些？

51. 如何进行线路路径方案的测量？

52. 什么叫线路定线？有几种定线方法？

53. 怎样测定线路的平断面图、纵断面图和横断面图？

54. 线路交叉跨越时需要测量哪些内容？如何施测？

55. 怎样进行线路设计的杆塔定位测量？

56. 线路施工测量的主要内容是什么？

57. 试说出直线杆塔的桩位自测方法。

58. 如发现线路杆位桩丢失或遗漏，如何补钉？

59. 如何复测线路转角桩？

60. 如何测定正方形布置的铁塔基础坑位置？

61. 施工测量有哪些注意事项？

62. 验收规程对施工测量用的经纬仪精度的要求是什么？

63. 经纬仪使用前应进行哪些检查？用完后如何装箱？

64. 写出倾斜视距测量的计算公式并说明其意义及画图。

65. 写出本次 GPS 实操题的操作步骤。

66. 观测水平角为什么要盘左、盘右进行观测？

67. “异长法”和“档端角度法”观测弧垂的适用范围是什么？

68. 建筑轴线控制桩的作用是什么？龙门板的作用是什么？（变电、土建）

69. 建筑变形测量的目的是什么？主要包括哪些内容？（变电、土建）

70. 建筑场地施工控制网主要有哪几种形式？（建筑分公司测量工必答题）

71. 送电线路的交叉跨越测量时应注意什么？（送电线路测工必答题）

72. 何谓坐标正算和坐标反算？

73. GPS测量的应用范围是什么？

74. 杆塔基础分坑与设计钉立的杆塔中心桩位其偏差不得超过多少？

75. 杆塔基础分坑应注意些什么？

76. 全站仪对边测量的功能是什么？在施工测量中有何用途？

77. 何谓视准轴？视准轴与视线有何关系？

78. 何谓视差？产生视差的原因是什么？视差应如何消除？

79. 测量水平角时，为什么要用盘左、盘右两个位置观测？

80. 何谓竖盘指标差？如何消除竖盘指标差？

81. 经纬仪有哪几条主要轴线？它们应满足什么条件？

82. 何谓全站仪？它由哪几部分组成？一般具有哪些测量功能？

83. 测量工作的基本原则是什么？

84. 线路基础施工前，为什么要进行线路复测？测量哪些项目？

85. 索佳 SET250RX 系列全站仪［悬高测量］（交叉跨越）如何操作？（送电）

86. 索佳 SET250RX 系列全站仪［坐标测量］（坐标采集）如何操作？

87. 索佳 SET250RX 系列全站仪［放样测量］（坐标放样）如何操作？

88. 索佳 SET250RX 系列全站仪［对边测量］如何操作？（变电、土建）

89. 如何测定矩形布置的铁塔基础坑位置（如图 C-8 所示）？

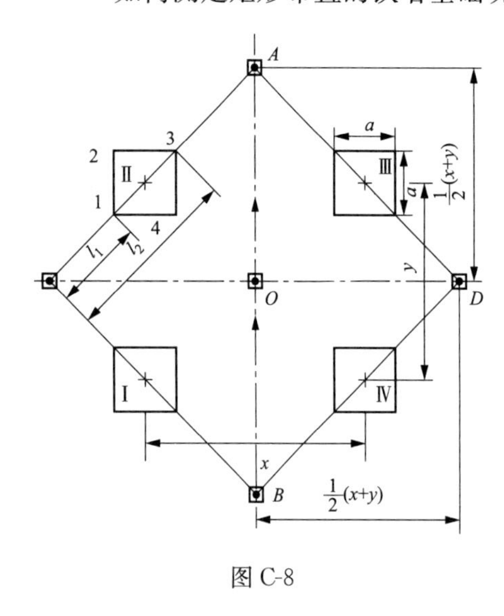

图 C-8

90. 某旧线路改造项目，用回旧线行，新杆塔为旧塔前或后 15～20m 左右，已知新、旧杆塔位桩的坐标，试说明可用哪些方法进行复测工作？如何进行？

91. 如何控制高低腿基础根开施工？

附录D　实 操 练 习 题

考核要求：

（1）正确使用给定的测量仪器，正确读取数据，做好记录。

（2）各项观测、量距方法符合规范要求。

（3）正确进行相关的计算，原始资料记录清晰齐全。

（4）测量结果满足要求，并完成部分表格的填写。

（5）严格按照操作规程、有关安全文明生产的规定进行操作。

题目 1　极坐标法放样点的平面位置

根据 2 个已知点 F、G 的坐标及实地点位（见图 D-1），测出给定坐标 N 点的平面位置。

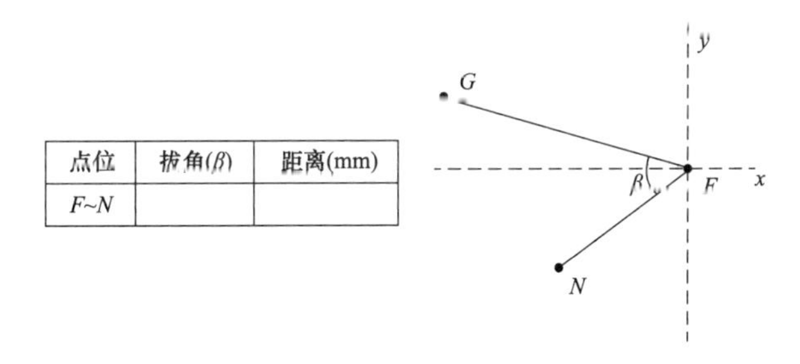

点位	拨角(β)	距离(mm)
F~N		

图 D-1

题目 2　正方形基础分坑

按给定基础中心位置 O 及线路方向，基础根开 a＝2000＋各学员学号×100，坑底尺寸 b＝1700，计算并填写图 D-2 所示基础分坑数据表格（每人随机分两个基坑，表中只填写个人所分的两个基坑数据）。在中心点 O 位置进行分坑，划出基础坑位置和对角控制桩。

塔号:	塔型:		转角度:	
基础腿别	Ⅰ	Ⅱ	Ⅲ	Ⅳ
基础型号				
施工基面				
基础根开a				
坑底尺寸b				
基础半对角E				
基坑近角点E_1				
基坑远角点E_2				

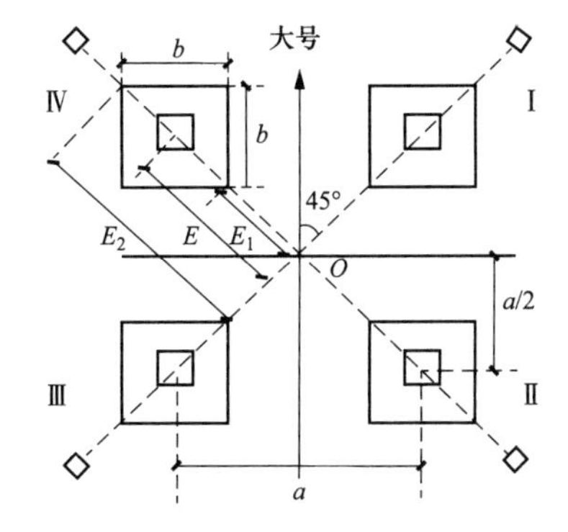

图 D-2

题目 3　矩形基础分坑

按给定基础中心位置 O 及线路方向，如图 D-3 所示，按各人数据计算并填写如下基础分坑相应的表格（每人随机分相邻的两个基坑，表中只填写个人所分的两个基坑数据）。进行分坑放样出基础坑位置和对角控制桩。

塔号：	塔型：		转角度：	
腿别	A	B	C	D
基础正面根开a	3000+各学员学号×100			
基础侧面根开b	2400+各学员学号×100			
坑底尺寸c	1900			
基础半对角E				
基坑近角点E_1				
基坑远角点E_2				

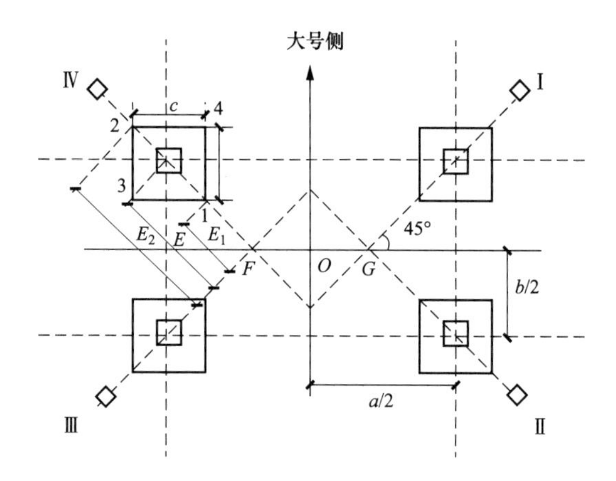

图 D-3

题目 4　转角塔基础分坑

基础分坑数据表格、给定基础中心位置 O 及线路方向、基础根开 a、坑底尺寸 b，如图 D-4 所示。在中心点 O 位置进行分坑并划出基础坑位置和对角控制桩。

塔号：	塔型：		转角度：	
基础腿别	Ⅰ	Ⅱ	Ⅲ	Ⅳ
基础型号				
施工基面				
基础根开a				
坑底尺寸b				
基础半对角E				
基坑近角点E_1				
基坑远角点E_2				

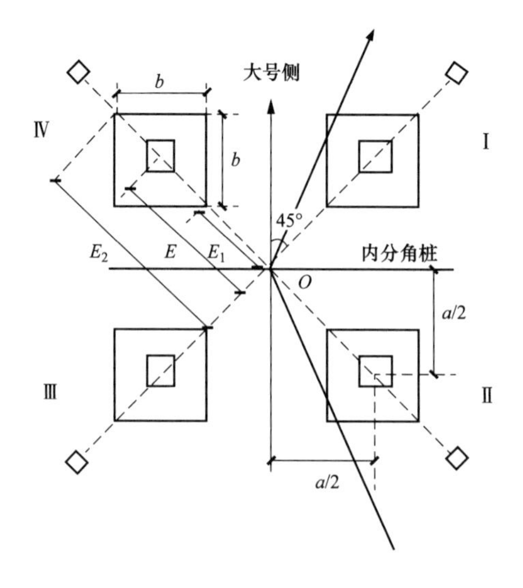

图 D-4

题目 5　补桩

如图 D-5 所示，某基础施工现场由于开挖基坑时遗失对角控制桩 A' 及中心桩，现只剩基础分坑放样时对角控制桩 B、B'、A 的位置，根据三角形原理，补钉对角控制桩 A' 及中心桩。

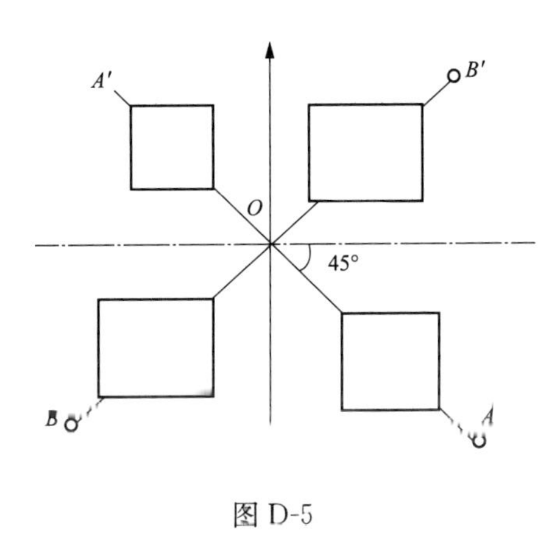

图 D-5

题目 6　铁塔结构倾斜检查

如图 D-6 所示，使用全站仪（经纬仪）对视点 1、视点 2 的正面、侧面的倾斜数据，计算塔倾斜值，并计算倾斜率。

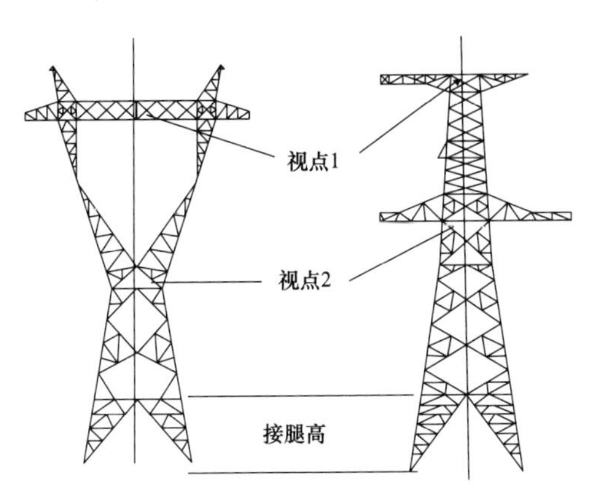

数据	视点1	视点2
视点高(m)		
正面(mm) (左或右)		
侧面(mm) (前或后)		
倾斜值(mm)		
倾斜率(‰)		
判定		

图 D-6

题目 7　交叉跨越测量

如图 D-7 所示，使用全站仪（经纬仪）对交叉跨越点 1 或交叉跨越点 2 进行跨越点净距测量，计算净距，并填写右表。

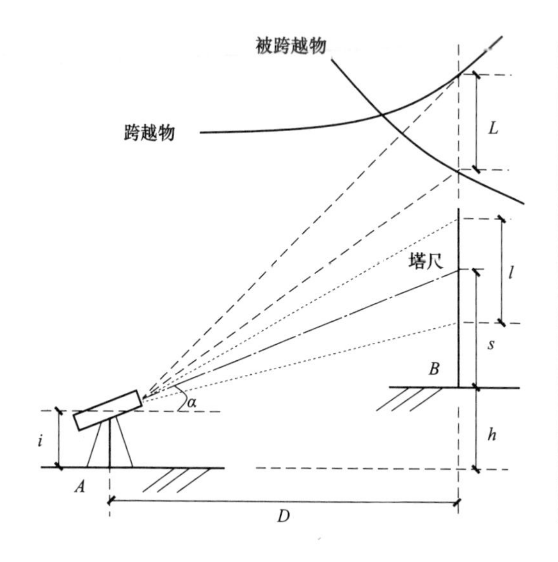

项目	测点1	测点2
仪高(i)		
上丝读数		
下丝读数		
角度α(°)		
视距D(m)		
跨越物观测角Q_k		
被跨越物观测角Q_{bk}		
跨越净距L(m)		
判定		

图 D-7

题目 8　GPS 连线、基站设置、流动站设置、连接实操

1. 根据已知 A、E、N 三点的地方坐标，根据现场已知的 A、E 两点（如图 D-8 所示），用 GPS 流动站分别在 A、E 点上采集 84 坐标信息进行地方坐标转换。点放样或线放榜定出 N 点，并将 AN、EN 设为二条直线，放样定出 N 为中点的前、后四条方向桩。

2. 测量出 AN、NE 的档距、高差及 N 点的转角 α，并填写记录。

项目	数值
AN档距	
NE档距	
转角度α	

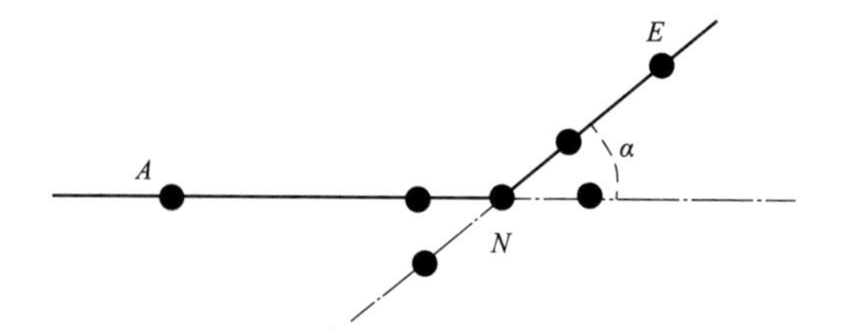

图 D-8

题目9　GPS点放样实操

已知Z_{11}、J_3、Z_{12}三点的地方坐标，根据现场标定的K_1、K_2两点（如图D-9所示），用GPS流动站分别在K_1、K_2点上采集坐标信息及坐标转换。放样定出Z_{11}、J_3、Z_{12}三点，并将$Z_{11}J_3$、J_3Z_{12}设为两条直线，放样定出J_3为中点的前、后四条方向桩。

测量$Z_{11}J_3$、J_3Z_{12}的档距、高差及J_3点的转角α，并填写记录。

项目	数值
$Z_{11}J_3$档距	
J_3Z_{12}档距	
转角度α	

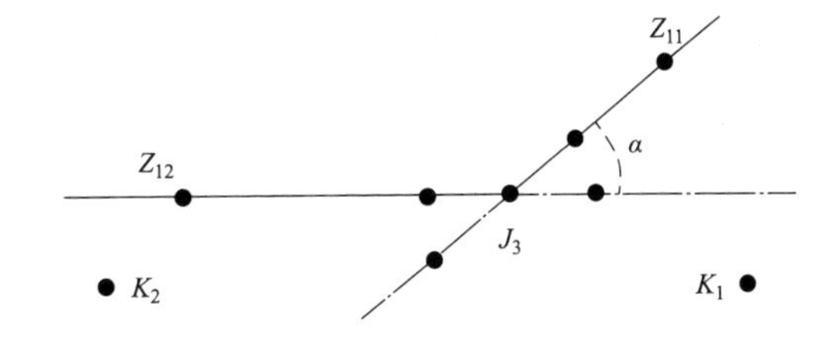

图D-9

题目10　GPS线放样实操

已知：N_1～N_3桩的坐标，N_2为转角桩，因位于鱼塘，未定出中心桩。

求：(1) 坐标找点，找出N_1、N_3两点，进行复核；

(2) 线放样，定出N_2前、后侧方向桩如图D-10所示，A_1、A_2、B_1、B_2并通过A_1-A_2、B_1-B_2连线，交点定出N_2中心桩；

(3) 测出A_1、A_2、B_1、B_2四点坐标；

(4) 计算出N_1-N_2、N_2-N_3档距，N_2转角度数，N_1～N_3各点高差；

(5) 在N_3-N_2的方向上定出N_4、N_5、N_7三点，并求出坐标；

(6) 当基站为任意点时，对上述各点进行复测。并用全站仪复核N_3点。

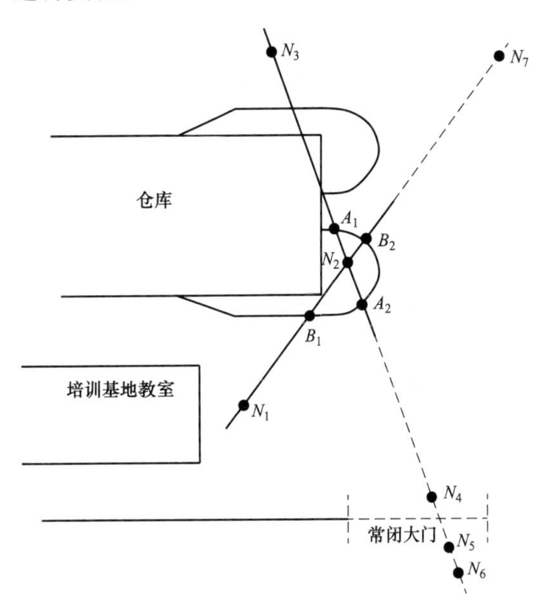

图D-10

题目 11　GPS 坐标转换实操

按各自学号命名建立文件，量取 K_1、K_2，并转换成当地坐标，放样出 N_1、J_1、N_2 桩号，打方向桩。

操作要求说明：

1. 已知 K_1、K_2 两点的地方坐标及实地桩位。

2. 已知 N_1、J_1、N_2 三个点的地方坐标（其中 J_1 为转角桩号）。

3. 建立基站后在已知点 K_1、K_2 两点采样（所取样坐标为 84 坐标），输入两点的地方坐标进行转换。

4. 将各点的数据输入手簿，并实地放样各点。

5. 定出 J_1 转角桩大、小号前后侧的各方向桩。在手簿上计算出转角度、距离。

6. 将各方向点的坐标记录下来，并画出简图。

7. 不要求打桩，但在手簿上要能查出各点坐标。

题目 12　极坐标放样

按给出的实地两点 F、G 的广州本地坐标：

F 点（X：8.178；Y：25.043）；

G 点（X：9.115；Y：20.617）。

再将给出各人的 N 点坐标（N 点以学员各自的学号为序，如 N_6 为学号 6 的坐标），用经纬仪进行极坐标放样出 N 点。

表 D-1　　2017 年第 1 期测量班个人坐标（广州本地坐标）

点号	X	Y	H	点号	X	Y	H
N_1	5.759	16.332		N_{16}	6.509	20.832	
N_2	5.809	16.632		N_{17}	6.559	21.132	
N_3	5.859	16.932		N_{18}	6.609	21.432	
N_4	5.909	17.232		N_{19}	6.659	21.732	
N_5	5.959	17.532		N_{20}	6.709	22.032	
N_6	6.009	17.832		N_{21}	6.759	22.332	
N_7	6.059	18.132		N_{22}	6.809	22.632	
N_8	6.109	18.432		N_{23}	6.859	22.932	
N_9	6.159	18.732		N_{24}	6.909	23.232	

续表

点号	X	Y	H	点号	X	Y	H
N_{10}	6.209	19.032		N_{25}	6.959	23.532	
N_{11}	6.259	19.332		N_{26}	7.009	23.832	
N_{12}	6.309	19.632		N_{27}	7.059	24.132	
N_{13}	6.359	19.932		N_{28}	7.109	24.432	
N_{14}	6.409	20.232		N_{29}	7.159	24.732	
N_{15}	6.459	20.532		N_{30}	7.209	25.032	

题目13 GPS坐标点复测、采集、放样

按给出的实地两点A、E及其广州本地坐标：

A点（X：51965.659；Y：22415.332；H：6.348）；

E点（X：51967.273，Y：22429.478；H：6.348）。

再按给出的各人坐标（N点以学员各自的学号为序，如N_6为学号6的坐标）进行放样，以A为小号侧，钉出N点前后方向的方向桩，采集该方向桩的坐标并记录于手簿上，小号侧方向桩命名为FA+学号，大号侧方向桩命名为FE+学号。

表D-2　　2017年第1期测量班个人坐标（广州本地坐标）

序号	X	Y	H	序号	X	Y	H
N_1	51965.759	22416.332	6.348	N_{16}	51966.509	22420.832	6.348
N_2	51965.809	22416.632	6.348	N_{17}	51966.559	22421.132	6.348
N_3	51965.859	22416.932	6.348	N_{18}	51966.609	22421.432	6.348
N_4	51965.909	22417.232	6.348	N_{19}	51966.659	22421.732	6.348
N_5	51965.959	22417.532	6.348	N_{20}	51966.709	22422.032	6.348
N_6	51966.009	22417.832	6.348	N_{21}	51966.759	22422.332	6.348
N_7	51966.059	22418.132	6.348	N_{22}	51966.809	22422.632	6.348
N_8	51966.109	22418.432	6.348	N_{23}	51966.859	22422.932	6.348
N_9	51966.159	22418.732	6.348	N_{24}	51966.909	22423.232	6.348
N_{10}	51966.209	22419.032	6.348	N_{25}	51966.959	22423.532	6.348
N_{11}	51966.259	22419.332	6.348	N_{26}	51967.009	22423.832	6.348
N_{12}	51966.309	22419.632	6.348	N_{27}	51967.059	22424.132	6.348
N_{13}	51966.359	22419.932	6.348	N_{28}	51967.109	22424.432	6.348
N_{14}	51966.409	22420.232	6.348	N_{29}	51967.159	22424.732	6.348
N_{15}	51966.459	22420.532	6.348	N_{30}	51967.209	22425.032	6.348

题目 14　档端角度法弧垂观测

已知某送电线路弧度观测档的弧垂 $f=1.7$m，档距 $l=380$m，导线悬点高差 $h=25$m，导线悬点至仪器中心的垂直距离 $a=24$m［在低点观测（见图 D-11）］，试求用档端角度法观测弧垂的观测角 θ。

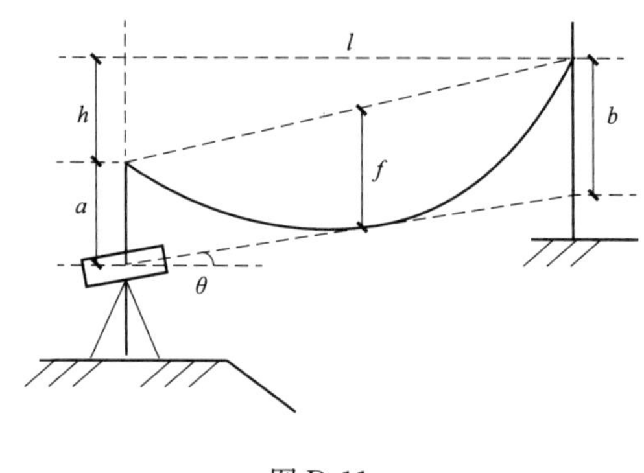

图 D-11

题目 15　档端角度法弧垂检查及观测

如图 D-12 所示，按给定某档导线，用仪器档端角度法测量各参数，检查并计算出其弧垂 f 值。再用档端角度法检查出的弧垂值，并利用该弧垂值计算观测角。要求按现场实际情况测量出各参数，并算出 h 值、b 值。

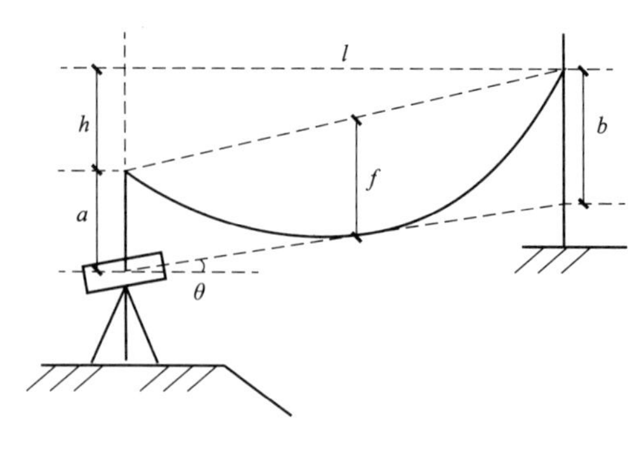

图 D-12

题目 16 求延长线段 *DE*

用“任意三角形法”延长直线的测量，如图 D-13 所示，已知 A、B、C 三点，求 AB 的延长线 DE 线段（要求用全站仪或经纬仪、钢尺等工具测量，$\angle b \neq 120°$）。

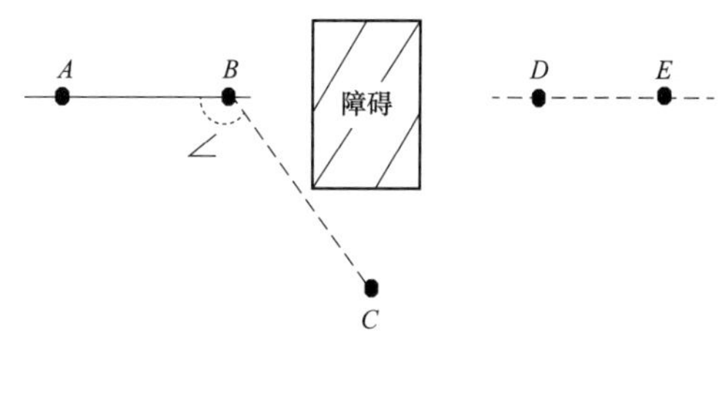

图 D-13

题目 17 视距及高差测量

如图 D-14 所示，已知 $\alpha=+12°24'$，$l=1.85$m，$i=S=1.5$m，求 A、B 两点间的水平距离 D 及高差 h 各是多少。

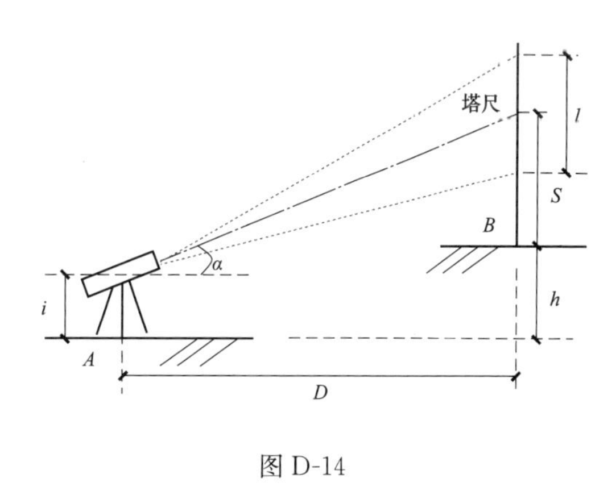

图 D-14

题目 18 悬高、对边测量

根据指定的物体，用免棱镜全站仪测量出高度及对边平距（见图 D-15）。

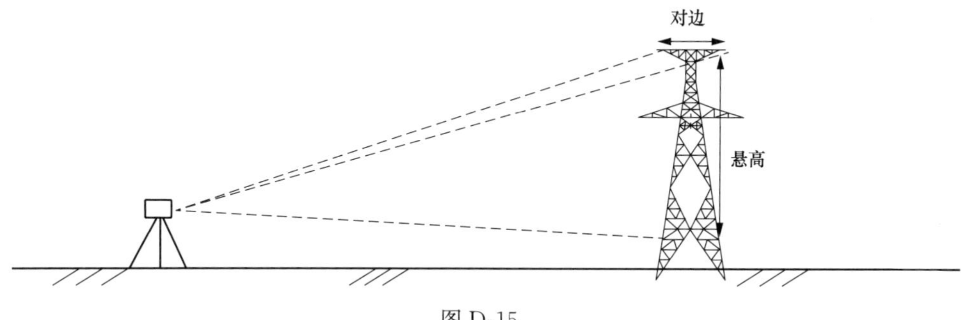

图 D-15

题目 19　异长法检查弧垂

根据现场提供的实际状况及场所，量取所需参数，计算出弧垂 f 值（见图 D-16）。

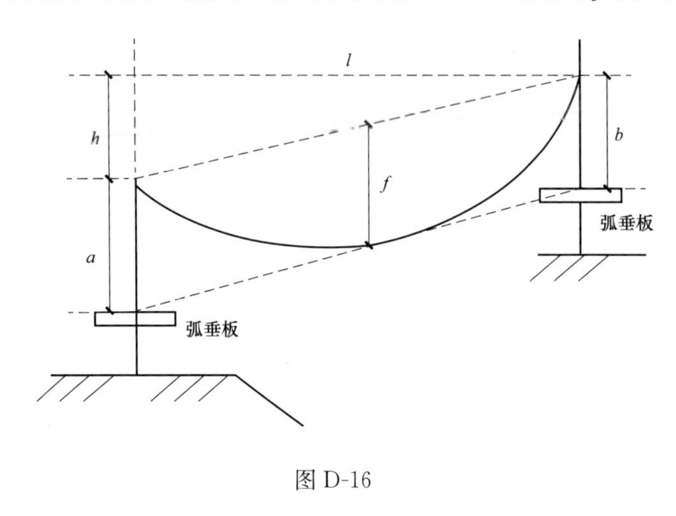

图 D-16

题目 20　异长法观测弧垂

如图 D-17 所示，根据现场提供的实际弧垂 f 值及 a 值，求出 b 值，并标注划出记号。

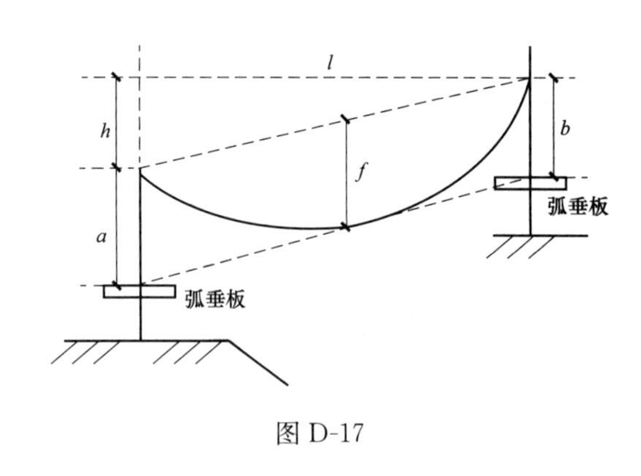

图 D-17

题目 21　极坐标放样

按给出的实地两点 F、G 的广州本地坐标：

F 点（X：51968.178；Y：22425.043）；

G 点（X：51969.115；Y：22420.617）。

再将给出各人的 N 点坐标（N 点以学员各自的学号为序，如 N_6 为学号 6 的坐标），用经纬仪进行极坐标放样出 N 点。

表 D-3　　2016 年第 2 期测量班个人坐标（广州本地坐标）

点号	X	Y	H	点号	X	Y	H
N_1	51965.759	22416.332	6.348	N_{16}	51966.509	22420.832	6.348
N_2	51965.809	22416.632	6.348	N_{17}	51966.559	22421.132	6.348
N_3	51965.859	22416.932	6.348	N_{18}	51966.609	22421.432	6.348
N_4	51965.909	22417.232	6.348	N_{19}	51966.659	22421.732	6.348
N_5	51965.959	22417.532	6.348	N_{20}	51966.709	22422.032	6.348
N_6	51966.009	22417.832	6.348	N_{21}	51966.759	22422.332	6.348
N_7	51966.059	22418.132	6.348	N_{22}	51966.809	22422.632	6.348
N_8	51966.109	22418.432	6.348	N_{23}	51966.859	22422.932	6.348
N_9	51966.159	22418.732	6.348	N_{24}	51966.909	22423.232	6.348
N_{10}	51966.209	22419.032	6.348	N_{25}	51966.959	22423.532	6.348
N_{11}	51966.259	22419.332	6.348	N_{26}	51967.009	22423.832	6.348
N_{12}	51966.309	22419.632	6.348	N_{27}	51967.059	22424.132	6.348
N_{13}	51966.359	22419.932	6.348	N_{28}	51967.109	22424.432	6.348
N_{14}	51966.409	22420.232	6.348	N_{29}	51967.159	22424.732	6.348
N_{15}	51966.459	22420.532	6.348	N_{30}	51967.209	22425.032	6.348

题目 22：坐标放样作业题

按给出的实地两点 B、N 及其广州本地坐标：

B 点（X：51964.729；Y：22419.767）；

N 点（X：51963.817；Y：22424.190）；

距离 $D_{BN}=4.516$；

方位角 $\alpha_{BN}=-78°20'57''$。

再按给出的各人坐标（C 点以学员各自的学号为序，如 C_6 为学号 6 的坐标）进行坐标放样出 C 点。

D-4　　2016 年第 2 期测量班个人坐标（广州本地坐标）

点号	X	Y	H	点号	X	Y	H
C_1	51965.759	22416.332	6.348	C_{11}	51966.259	22419.332	6.348
C_2	51965.809	22416.632	6.348	C_{12}	51966.309	22419.632	6.348
C_3	51965.859	22416.932	6.348	C_{13}	51966.359	22419.932	6.348
C_4	51965.909	22417.232	6.348	C_{14}	51966.409	22420.232	6.348
C_5	51965.959	22417.532	6.348	C_{15}	51966.459	22420.532	6.348
C_6	51966.009	22417.832	6.348	C_{16}	51966.509	22420.832	6.348
C_7	51966.059	22418.132	6.348	C_{17}	51966.559	22421.132	6.348
C_8	51966.109	22418.432	6.348	C_{18}	51966.609	22421.432	6.348
C_9	51966.159	22418.732	6.348	C_{19}	51966.659	22421.732	6.348
C_{10}	51966.209	22419.032	6.348	C_{20}	51966.709	22422.032	6.348

续表

点号	X	Y	H	点号	X	Y	H
C_{21}	51966.759	22422.332	6.348	E	51962.929	22428.701	6.169
C_{22}	51966.809	22422.632	6.348	F	51963.852	22424.264	6.17
C_{23}	51966.859	22422.932	6.348	G	51964.768	22419.841	6.163
A	51970.046	22416.347	6.157	H	51965.678	22415.404	6.151
B	51969.124	22420.761	6.183	J	51957.787	22408.971	6.155
C	51968.186	22425.183	6.161	T_1	51994.821	22406.747	5.938
D	51967.274	22429.61	6.175	T_2	51954.921	22398.171	6.231